全国高等学校计算机教育研究会"十四五"规划教材

U0289741

全国高等学校
计算机教育研究会
"十四五"
系列教材

丛书主编 郑 莉

Creo Parametric
6.0 计算机辅助设计

谢玮　孔令箭　闫飞／编著

清华大学出版社
北京

内 容 简 介

本书重点介绍 Creo Parametric 6.0 在工程设计中的应用方法与技巧。全书共 11 章,内容分别为 Creo Parametric 6.0 概述、草图绘制、基准特征、特征建模、高级特征的创建、特征的编辑、曲面特征、工程图的绘制、装配体、产品的后期处理、综合实例。

本书内容讲解详细,对初学者可能会犯的错误进行了重点阐释,是面向 Creo Parametric 初级用户的一本实用教程,适合作为高校计算机辅助设计专业的技能培训教材,同时也适合学习者自学使用。全书结构清晰,内容翔实,案例丰富,讲解内容深入浅出,重点难点突出,着重培养读者的创造思维和灵活应用能力。

图书在版编目(CIP)数据

Creo Parametric 6.0 计算机辅助设计 / 谢玮,孔令箭,闫飞编著. —北京:清华大学出版社,2023.5
全国高等学校计算机教育研究会"十四五"系列教材
ISBN 978-7-302-63103-3

Ⅰ. ①C… Ⅱ. ①谢… ②孔… ③闫… Ⅲ. ①计算机辅助设计-应用软件-高等学校-教材
Ⅳ. ①TP391.72

中国国家版本馆CIP数据核字(2023)第047585号

责任编辑:谢 琛 薛 阳
封面设计:傅瑞学
责任校对:韩天竹
责任印制:沈 露

出版发行:清华大学出版社
      网   址:http://www.tup.com.cn, http://www.wqbook.com
      地   址:北京清华大学学研大厦 A 座   邮   编:100084
      社 总 机:010-83470000   邮   购:010-62786544
      投稿与读者服务:010-62776969,c-service@tup.tsinghua.edu.cn
      质 量 反 馈:010-62772015,zhiliang@tup.tsinghua.edu.cn
      课 件 下 载:http://www.tup.com.cn,010-83470236
印 装 者:三河市天利华印刷装订有限公司
经   销:全国新华书店
开   本:185mm×260mm   印   张:19.25   字   数:469 千字
版   次:2023 年 7 月第 1 版   印   次:2023 年 7 月第 1 次印刷
定   价:59.00 元

产品编号:096687-01

丛书序

教材在教学中具有非常重要的作用。一本优秀的教材，应该承载课程的知识体系、教学内容、教学思想和教学设计，应该是课程教学的基本参考，是学生学习知识、理论和思想方法的主要依据。在教育数字化的大背景下，教材更是教学内容组织、教学资源建设、教学模式设计与考核环节设计的依据和主线。

教师讲好一门课，尤其是基础课，必须要有好教材；学生学习也需要好教材。

好教材要让教师觉得好教。好教可不是"水"，不是少讲点、讲浅一点。一门课的教材要使教师的教学能够达到这门课在专业人才培养计划中的任务，内容应该达到要求的深度和广度，应具有一定的挑战性。教材的知识体系结构科学，讲述逻辑清晰合理，案例丰富恰当，语言精炼、深入浅出，配套资源符合教学要求，就可以给教师的教学提供很好的助力，教师就会觉得这本书好教。

好教材要让学生觉得好学，学生需要什么样的教材呢？在各个学校普遍采用混合式教学模式的大环境下，学生参与各个教学活动时，需要自己脑子里有一条主线，知道每个教学活动对建立整门课知识体系的作用；知道学习的相关内容在知识体系中的位置，这些都要通过教材来实现。学生复习时还需要以教材为主线，贯穿自己在各个教学活动中学到的内容，认真阅读教材，达到对知识的融会贯通。能实现学生的这些需求，学生就会觉得这本书好学。

教材要好教、好学，做到内容详尽、博大精深，语言深入浅出、容易阅读，才能满足师生的需要。

为了加强课程建设、教材建设，培育一批高质量的教材，提高教学质量，全国高等学校计算机教育研究会（以下简称"研究会"）于 2021 年 6 月与清华大学出版社联合启动了"十四五"规划教材建设项目。这套丛书就是"十四五"规划教材建设项目的成果，丛书的特点如下。

（1）准确把握社会主义核心价值观，融入课程思政元素，教育学生爱党、爱国。

（2）由课程的主讲老师负责组织编写。

（3）体现学校办学定位和专业特色，注重知识传授与能力培养相统一。

（4）注重教材内容的前沿性与时代性，体现教学方法的先进性，承载了可供同类课程借鉴共享的经验、成果和模式。

这套教材从选题立项到编写过程，都是由研究会组织专家组层层把关。研究会委托清研教材工作室（研究会与清华大学出版社联合教材工作室）对"十四五"规划教材进行管理，立项时严格遴选，编写过程中通过交流研讨、专家咨询等形式进行过程管理与质量控制，出版前再次召开专家审查会严格审查。

计算机专业人才的培养不仅仅关系计算机领域的科技发展，而且关系所有领域的科技发展，因为计算机技术已经与各个学科深度融合，计算机技术是所有领域都必不可少的技术。本套教材承载着研究会对计算机教育的责任与使命，承载着作者们在计算机教育领域的经验、智慧、教学思想、教学设计。希望这套教材能够成为高等学校师生们计算机课程教学的有力支撑，成为自学计算机课程的读者们的良师益友。

丛书主编：郑莉

2023 年 2 月

FOREWORD

前言

  本书围绕在 Pro/Engineer Wildfire 5.0 基础上推出的软件 Creo Parametric 6.0（简称 Creo 6.0）进行编写，章节强化思维递进以及案例的整合；以具体设计案例的设计流程为主线，通过案例整合课程知识和内容，建立课内实践和设计逻辑，实现设计操作的综合化；分析建模流程各环节所需的知识、技能、核心能力，并融入国家职业标准，确立教学模块的细节。

  在本书编撰过程中，进一步实践"知识+实训"体系，强调以计算机辅助设计课程创新方法为指导，以设计分析实践为中心，在各章节的各个阶段有机地编排相应的支撑知识、设计理论与设计实践内容，将设计中的难点、易错点和设计经验等融入教材，使学生在这些阶段的学习过程中，创新意识得到充分培养，创新能力得以激发，综合设计创造能力得到提高。

  Creo 6.0 是整合了 PTC 公司的三个软件技术（Pro/Engineer 的参数化技术、CoCreate 的直接建模技术和 ProductView 的三维可视化技术）所形成的新型 CAD 设计软件包，其操作模式、设计思想、界面均有所变化，教材内容也应该相应的迭代更新，以遵循教学规律，体现先进教学理念。为了提高教学效果，采用软件中真实的对话框、操控板和按钮等进行讲解，使初学者能够直观、准确地操作软件进行学习，学习过程中以产品设计实践案例为主线、实践任务为驱动、在实践中融合理论学习，从而尽快掌握软件，学以致用，提高学习效率。

  本书介绍了三维造型创建的思路、过程，内容包括二维草绘绘制、三维造型建模、曲面造型设计、零件装配设计、工程图的生成等基本功能模块。全书采用图文结合方式，通过案例进行讲解，使内容具有直观、易理解的特点，且注重结合实际操作。在编写中注重实用性和系统性，力求让读者在做中学，在学中做。本书第 1 章由谢玮编写，第 2、3 章由闫飞编写，第 4、5 章由张祎编写，第 6 章由邱菊芯编写；第 7～11 章由谢玮、孔令箭编写。全书由谢玮统稿。本书是扬州大学重点教材。

  本书为近年来编者的教学、培训经验总结，记录了对计算机辅助设计教学的思考，其中的疏失之处，尚希读者不吝赐教。

谢玮

2023 年 4 月

CONTENTS

目录

Creo Parametric 6.0 概述

1.1 Creo Parametric 6.0 特点

Creo Parametric 6.0（简称 Creo 6.0）是美国参数技术公司推出的一款 3D 建模应用软件，用于快速创建 3D 设计模型。软件通常用来完成零件建模、自动创建更新 2D 画图、焊件设计、机构构架，让相关产业的工作者能够更加快速、便捷地完成设计工作。用户可以通过 PTC Creo 6.0 来扩展加深团队协作，使用户通过创新更好地应对不断变化的客户需求，广泛应用于机械、电子、模具、家电、汽车、航天航空等领域。Creo 6.0 软件的主要特点如下。

1. 全局关联性

Creo 的所有操作模块都是全相关的，也就是在产品开发的过程中如果某一处进行了修改，整个设计中的其他部分也会相应地被修改，同时自动更新所有的工程文档，包括装配体、工程图以及制造数据。

2. 基于特征的参数化设计

Creo 的参数化设计指的是零件图形的几何约束和工程约束。几何约束包括结构约束和尺寸约束。结构约束是指几何元素之间的拓扑约束关系，如平行、垂直、相切、对称等；尺寸约束则是通过尺寸标注表示的约束，如距离尺寸、角度尺寸、半径尺寸等。工程约束是指尺寸之间的约束关系，通过定义尺寸变量及它们之间在数值上和逻辑上的关系来表示。

3. 易于使用

菜单以直观的方式级联出现，提供了逻辑选项和预先选取的最普通选项，同时还提供了简短的菜单描述和完整的在线帮助，这种形式使其容易学习和使用。

针对软件具体操作，Creo 6.0 还具有以下突出特点。

1. 联合技术（unite technology）

利用此技术，能更有效地处理来自多个 CAD 源的数据。解决了数据迁移时可能遗失的问题，可以轻松导入或打开多种格式文件，方便企业整合 CAD 平台，同时也为与合作伙伴、供应商交换三维数据打开方便之门，有助于整个开发流程。

2. 概念设计（empowering innovation）

更易培养创新环境，设计团队必须充分利用概念开发期间的工作，在此版本中，改进了专用概念开发工具集，进一步加强了概念设计和详细设计之间的设计意图无缝流动。

同时增强了 ptc creo layout，方便使用全新设计工具在概念开发期间使用 2D，而且通过推出并发布局，改善了可扩展性。在此版本中，ptc creo direct 也取得了显著进展，增添了更为强大的全新建模工具，改善了众多装配工作流。此外，该工具集还增加了 ptc cero design exploration extension 这个新成员，这有助于在 ptc cero parametric 内迅速、轻松地探寻替代设计概念。使用这些检查点，可以定期保存至关重要的设计里程碑，从而创建设计分支，而不再需要保存多个版本的数据，同时还能在不同设计备选方案之间无缝切换。

3. 系统内核功能增强（core enhancements）

该版本优化了用户体验，极大地改善了紧固件装配工作流，并提供了丰富的紧固件库。而随着新的 ptc cero intelligent fastener extension 的推出，此功能会得到进一步增强。另外，还在 ptc creo simulate 中显著加强了触点问题分析能力。对于塑料堆件设计，极大地增强了模具填充模拟和拔模检查等功能。

4. 增强现实协作

每个 Creo 许可证都已拥有基于云的 AR 功能，可以查看、分享设计，与同事、客户、供应商和整个企业内的相关人员安全地进行协作，可以发布并管理多达 10 个设计作品，控制每个体验的访问权限，还能根据需要轻松地删除旧作品。此外，还可以发布用于 HoloLens 和以二维码形式呈现的体验。

5. 仿真和分析

由 ANSYS 提供支持的 Creo Simulation Live 可在建模环境中提供快捷易用的仿真功能，对设计决策做出实时反馈，从而加快迭代速度并能考虑更多选项。

6. 增材制造

Creo 6.0 新增晶格结构、构建方向定义和 3D 打印切片，为增材制造设计提供更加完善的功能和更大的灵活性。此外，晶格设计的整体性能也得到了提升。

1.2　Creo Parametric 6.0 使用基础

1.2.1　界面介绍

1. 启动界面

首先双击 图标，进入软件启动画面，如图 1-1 所示，启动后的界面如图 1-2 所示。

图 1-1

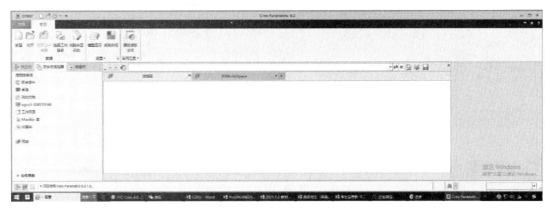

图 1-2

2. 零件设计界面

在 Creo 使用过程中，最常用的莫过于零件设计模块，下面以此模块为代表，首先打开或新建一个零件文件，界面如图 1-3 所示。

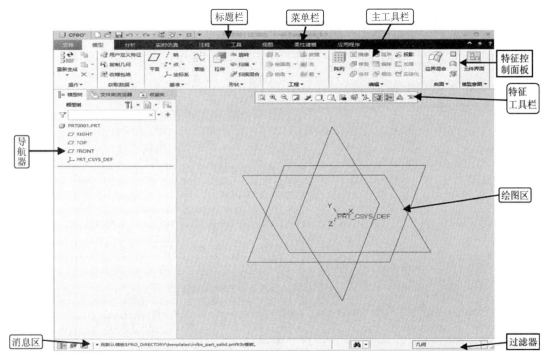

图 1-3

1）标题栏

标题栏位于界面的最上方，在标题栏中显示对应模型的文件名、文件类型和软件名称，如图 1-4 所示。如果打开了多个 Creo 文件窗口，则当前的一个文件窗口被激活，在该活动窗口的标题栏中，文件名后面会注明"（活动的）"字样，如图 1-4 所示。

图 1-4

2）菜单栏

菜单栏集合了大量的操作命令，位于标题栏的下方，如图 1-5 所示。

图 1-5

3）工具栏

工具栏包括主工具栏和特征工具栏，主工具栏位于菜单栏的下方，特征工具栏位于图形窗口的左侧。

4）导航器

导航器也称为导航区，它有三个选项卡，从左到右为 ⛁ （模型树）、 🗀 （文件夹浏览器）、 ✳ （收藏夹）选项卡，如图 1-6 所示。

（a）模型树

模型树是零件文件中所有特征的列表，包括基准平面特征和基准坐标系特征等。在零件文件中，模型树显示零件文件名称，并在名称下显示零件中的每个特征；在组件文件中，模型树显示组件名称并在名称下显示所包括的零件文件。模型结构以分层（树）形式显示，根对象（当前零件或组件）位于树的顶部，附属对象（特征或零件）位于树的下部，如果打开了多个 Creo Parametric 6.0 窗口，则模型树内容会反映当前窗口中的文件。在默认情况下，模型树只列出当前文件中的相关特征和零件级的对象，而不列出构成特征的图元（如边、曲面、曲线等），每个模型树项目包含一个反映其对象类型的图标。

对模型树可以进行如下主要操作。

1. 模型树的特征名称可以重命名，右击模型树特征即可重命名。

2. 选择特征、零件或组件并使用右键快捷菜单对其执行特定对象操作。

3. 按项目类型或状态过滤显示，例如显示或隐藏基准特征，或者显示或隐藏隐含特征。

在组件模型树中，可以通过右击组件文件中的零件并从快捷菜单中选择"打开"命令来将其打开。

可以设置模型树的显示选项。例如要在零件模型树中用一列来显示特征号

图 1-6

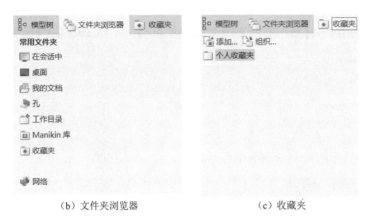

（b）文件夹浏览器　　　　　　　　（c）收藏夹

图 1-6　（续）

5）消息区

消息区记录当前窗口进行的一切操作和操作结果，并同时显示工具栏图标，如图 1-7 所示。在使用 Creo 的过程中，要养成时常看消息区的习惯。

图 1-7

6）过滤器

过滤器提供不同的对象选择范围，使选择操作更为快捷和方便，在不同的操作环境下过滤方式的数量是不一样的，如图 1-8 所示。

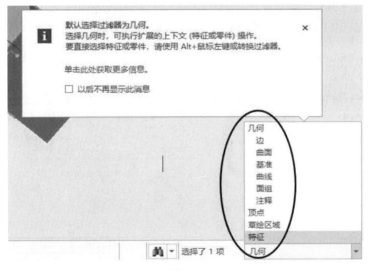

图 1-8

7）特征控制面板

特征控制面板是各种特征命令的载体，许多复杂的命令都涉及多个操作对象、多个参数和多种控制选项的设置，见图 1-9。

图 1-9

8）绘图区

所有绘制的图形都将在绘图区中显示。

1.2.2 文件的基本操作

1. 设置工作目录

单击"文件"|"管理会话"|"选择工作目录"命令进行工作目录的设定，该工作目录将是文件操作的路径，如图 1-10 所示。

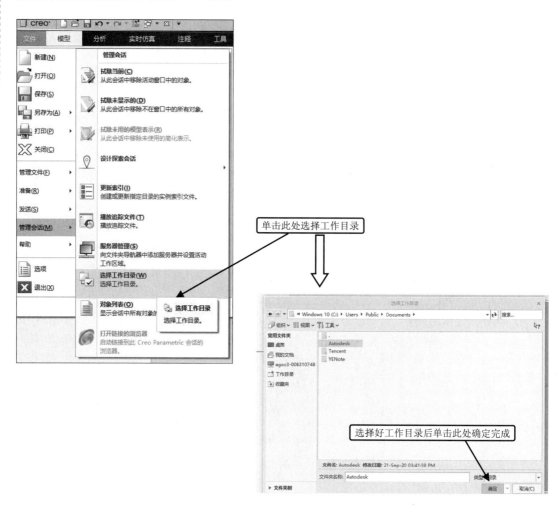

图 1-10

2. 新建文件

打开 Creo 后，单击"文件"|"新建"命令，选择要新建的类型并输入相应的新文件名，如图 1-11 所示。

图 1-11

3. 打开文件

单击"文件"|"打开"命令即可以打开 Creo 所支持的文件格式，并可预览图形，见图 1-12。

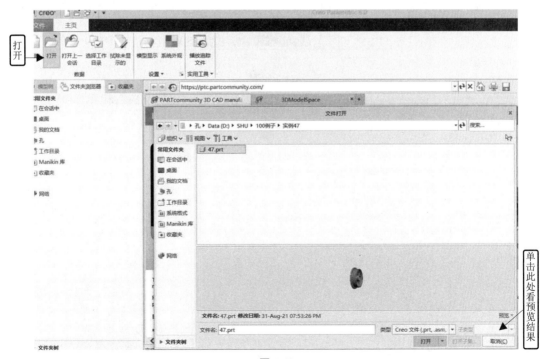

图 1-12

4. 保存文件

单击"文件"|"保存"命令即可以保存文件（注意：此时的保存不能修改文件名以及拓展名），见图 1-13。

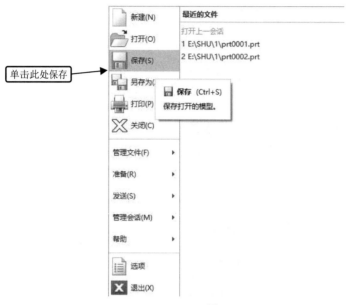

图 1-13

5. 保存文件副本

单击"文件"|"另存为"|"保存副本"命令即可以将现有文件保存为其他类型，见图 1-14。

图 1-14

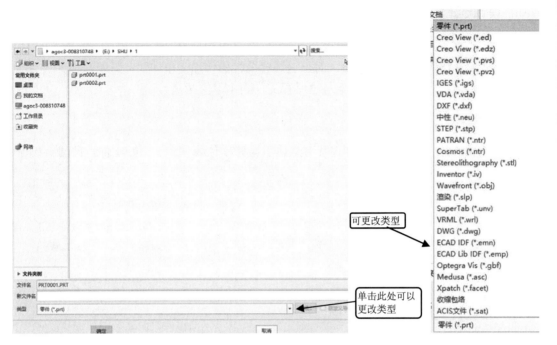

图 1-14　（续）

注意："保存副本"命令和其他软件中"另存为"命令基本相同，图形可以保存为三维通用格式 IGS 等多项格式，也可以重新命名和更改保存目录，见图 1-15。

图 1-15

6. 保存文件备份

不能更改名称，需要重新选择保存目录，保存备份的好处是有数据相关性，如果原始文件修改了会自动传递到备份文件，而且这种相关性的传递是单向的，只能从原始文件向备份文件传递。（读者可以思考一下与"保存文件副本"的区别。）

7. 镜像零件

新零件为原始零件的镜像图像，其可从属于原始零件或独立于原始零件，见图1-16和图1-17。

图 1-16

图 1-17

几种镜像的方法及其区别如下。

（1）单击"仅几何"单选按钮，然后取消勾选"几何从属"复选框。

① 接受默认的"新名称"或输入新名称。

② 单击"确定"按钮，将打开一个新窗口，其中包含镜像的零件。"模型树"中唯一的特征是"镜像的合并"。可选择"镜像的合并"特征，然后右键单击以选择如"打开基础模型"或"编辑定义"之类的选项。如果更改原始零件中的几何，则它在镜像零件中不会发生更改。

（2）单击"仅几何"单选按钮，然后勾选"几何从属"复选框。

① 接受默认的"新名称"或输入新名称。

② 单击"确定"按钮，将打开一个新窗口，其中包含镜像的零件。只显示"镜像的合并"特征。可选择"镜像的合并"特征，然后单击右键可选择诸如"打开基础模型"（打开从中复制此零件的原始零件）或"编辑定义"之类的选项。（请读者尝试：在原始零件或镜像零件中更改特征尺寸，查看镜像零件和原始零件是否发生变化。）

（3）单击"具有特征的几何"单选按钮时，"几何从属"复选框是不可选择的。

① 接受默认的"新名称"或输入新名称。

② 单击"确定"按钮，将打开一个新窗口，其中包含镜像的零件。原始零件中的特征会传递到镜像零件，并将"镜像的合并"特征添加为"模型树"中的最后一个特征。

（请读者尝试更改原始零件或镜像零件特征，查看对应镜像零件和原始零件是否跟随变化，进一步理解不同镜像备份零件命令的不同之处。）

8. 删除

单击"文件"|"管理文件"|"删除旧版本"或"删除所有版本"命令可以删除旧版本或者删除所有版本。删除旧版本：由于 Creo 每保存一次就会多一个版本，所以通常作完图之后都要进行删除旧版本操作，释放空间，留存最新版本。删除所有版本：能删除所有保存过的版本，如图 1-18 所示。

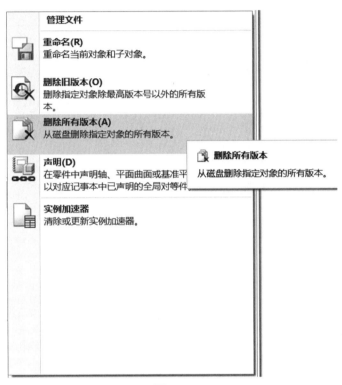

图 1-18

9. 拭除

单击"文件"|"管理会话"|"拭除当前"或"拭除未显示的"命令可以拭除不显示的视图或者当前显示的视图，见图 1-19。

注意：拭除命令的主要目的是释放系统缓存。每打开一次视图，其资源都会缓存在系统里面，占用计算机内存，即便关闭视图，内存也会一直被占用并未释放。

1.2.3　模型的基本控制及鼠标的使用

1. 在草绘环境下

（1）选择命令以及图元：单击鼠标左键。

图 1-19

（2）快捷菜单：在绘图区单击鼠标右键，弹出快捷菜单（注意：在 Creo 6.0 软件里面右键需要持续按住一小段时间才能触发）。

（3）在绘图过程中，使用绘图命令时需要确定或者退出，单击/双击鼠标中键即可完成。

（4）平移整个绘图区：按住 Shift 键和鼠标中键的同时移动鼠标。

2. 三维建模环境下

（1）选择命令以及图元：单击鼠标左键。

（2）旋转观察视图：按住鼠标中键的同时移动鼠标。

（3）平移整个绘图区：按住 Shift 键和鼠标中键的同时移动鼠标。

（4）缩放整个绘图区：滚动鼠标中键即可（需要注意观察放大/缩小时鼠标位置）。

（注意：在三维建模环境下一般不适用鼠标右键，只有在选择了某个命令的情况下单击鼠标右键才能弹出快捷菜单。）

3. 模型的观察

为了从不同角度观察模型局部细节，需要放大、缩小、平移和旋转模型。在 Creo 6.0 中，可以用三键鼠标来完成下列操作。

（1）旋转：按住鼠标中键+移动鼠标。

（2）平移：按住鼠标中键+Shift 键+移动鼠标。

（3）缩放：滚动鼠标中键。

（4）翻转：按住鼠标中键+移动鼠标。

另外，系统工具栏中还有以下与模型观察相关的图标按钮，其操作方法非常类似于 AutoCAD 中的相关命令。

（1） （缩小）：缩小模型。

（2） （放大）：放大模型。

（3） （重新调整）：相对屏幕重新调整模型，使其完全显示在绘图窗口中。

4. 实体缩放（模型尺寸变更）

实体模型绘制后，可根据实际需要，对模型进行缩放（模型尺寸整体变更），见图 1-20。

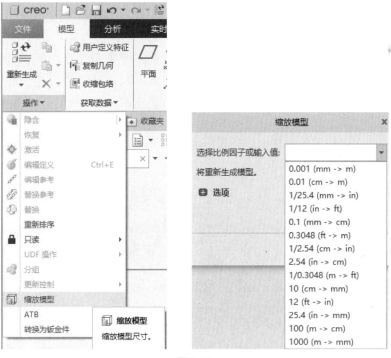

图 1-20

1.2.4 模型的定向

1. 选择默认的视图

在建模过程中，有时还需要按常用视图显示模型。可以单击系统工具栏中的 按钮，在其下拉列表中选择默认的视图，如图 1-21 所示，包括：标准方向、默认方向、BACK（后视图）、BOTTOM（俯视图）、FRONT（前视图）（主视图））、LEFT（左视图）、RIGHT（右视图）和 TOP（仰视图）。

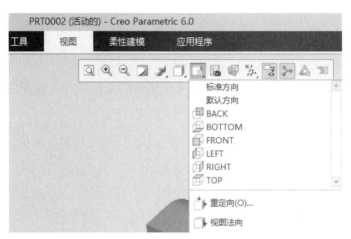

图 1-21

2. 定向的视图

除了选择默认的视图，如果用户想根据需要重定向视图，操作步骤如下。

第 1 步，单击系统工具栏中的 按钮，弹出如图 1-22 所示的"视图"对话框。

第 2 步，在"方向"选项卡基准平面为参考一，选取 FRONT 基准平面为参考二，如图 1-23 所示。

第 3 步，可在"视图"对话框中输入新的视图名称并单击保存按钮，以备后续使用。

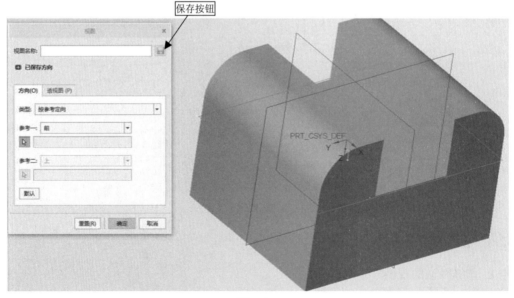

图 1-22

第 4 步，单击"确定"按钮，模型显示如图 1-23 所示。同时，"自定义"视图保存在视图列表中，见图 1-24。

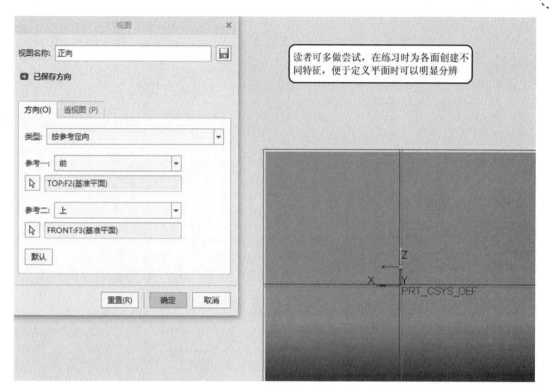

图 1-23

图 1-24

1.2.5　模型显示样式

在 Cero 6.0 零件应用模式或组件应用模式中，可根据设计要求为模型选择适合的显示样式，在功能区的"视图"选项卡的"模型显示"面板中单击"显示样式"按钮，从打开的按钮列表中选择其中一个显示样式按钮。用户也可以在"图形"工具栏中单击"显示样式"按钮来选择一个显示样式。显示样式分为 6 种，分别为"带反射着色""带边着色""着色""消隐""隐藏线""线框"，见图 1-25。

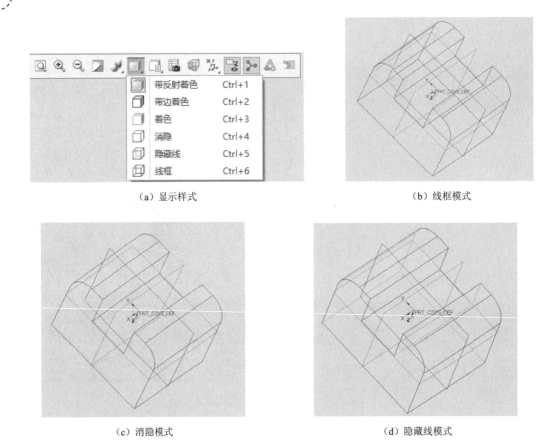

（a）显示样式 （b）线框模式

（c）消隐模式 （d）隐藏线模式

图 1-25

1.2.6 可视镜像

"可视镜像"命令提供了一个用于观察当前模型视图镜像的图像，但该图像不能保存。使用可视镜像可为出现在给定基准平面上的所有图元生成镜像。可快速对模型进行可视化和分析，而不必实际创建几何。操作方式为单击"可视镜像"，再选择镜像基准面，见图 1-26 和图 1-27。

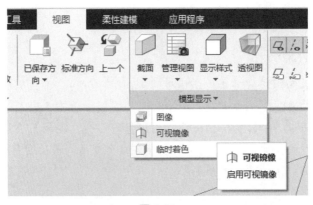

图 1-26

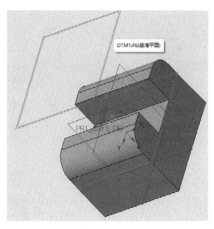
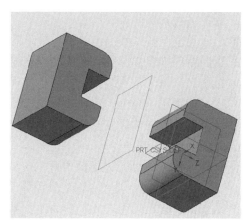

图 1-27

1.2.7　系统颜色更改

系统颜色是指窗口、背景等的颜色，可根据自己的需要，设置系统颜色。在没有打开文件的情况下，直接打开"主页"选项卡中的"系统外观"选项卡，进行颜色修改，见图 1-28。

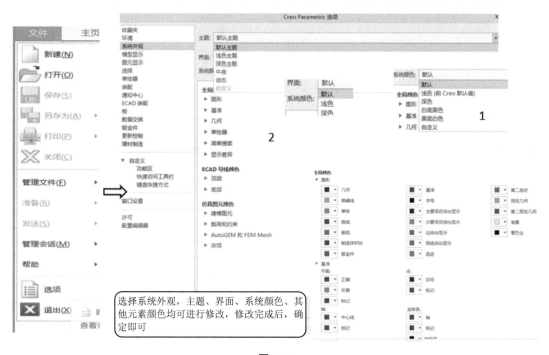

图 1-28

单击图 1-28（标识 1 处）"系统颜色"右侧的下拉按钮，弹出下拉列表，该下拉列表中包含"默认""浅色（前 Creo 默认值）""深色""白底黑色""黑底白色""自定义"这几个选项。

（1）默认：背景颜色为初始系统配置的颜色。

（2）浅色（前 Creo 默认值）：背景颜色为白色。

（3）深色：背景颜色为深褐色。

（4）白底黑色：背景颜色为白色，模型的主体为黑色。

（5）黑底白色：背景颜色为黑色，模型的主体为白色。

（6）自定义：以上是系统自带的颜色配置。通过"自定义"选项，用户可以根据自己的喜好自定义配置系统颜色。选择"自定义"选项，然后单击下方的"浏览"按钮，在弹出的"打开"对话框中选择已经定义好的系统颜色文件，单击"打开"按钮，则系统采用自定义的系统颜色。

在图 1-28（标识 2 处）对话框中可以单独设置"图形""基准""几何""草绘器""简单搜索""显示差异"这几项的颜色，下面介绍这几个选项包括的范围。

（1）图形：设置草绘图形、基准曲线、基准特征，以及预先加亮的显示颜色。在该选项的列表中任意选择一个颜色块，单击即可弹出"颜色编辑器"对话框。

（2）基准：设置基准特征显示颜色，包括基准面、基准线、坐标系等。

（3）几何：设置所选的参考、面组、钣金件曲面、模具或铸造曲面等几何对象的颜色。

（4）草绘器：设置草绘截面、中心线、尺寸、注释文本等二维草绘图元的颜色。

（5）简单搜索：包括冻结的元件或特征、失效的特征元件等的显示颜色。所谓失效，是指在建模过程中（包括装配），因编辑了上一层的特征，而影响了下一层的特征，这样下一层的特征会失效。例如，两个拉伸特征一前一后，后面的拉伸特征是在前一个拉伸特征的基础上完成的，如果编辑（包括删除）了前面的拉伸特征，则后面的拉伸特征就会失效。一般遇到这种情况，只要解除后面拉伸特征与前面拉伸特征的关联即可。

在图 1-28"图形""基准""几何"等选项中又包括许多子选项，单击"图形"下拉按钮弹出的子选项，在该选项卡中可以定义子选项的颜色。

草 图 绘 制

草图绘制简称为草绘。

"不积跬步无以至千里，不积小流无以成江海"。对于草绘模块的学习，多数初学者想快速跳跃过去，进入三维造型环节，体验三维建模的乐趣，但墙高基下，虽得必失，所以只有打好草绘基础才能更好地完成三维建模，三维建模的实体建模很多是通过对完整截面的各种命令变化最终成型的。草绘环境见图 2-1。

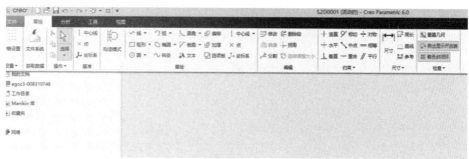

图 2-1

总体而言，Creo 中的草绘模块窗口与大多数软件窗口类似，符合 Windows 操作系统的一贯风格，其绘制操作方式也与 AutoCAD 和国内 CAXA 电子图版等软件操作方式相似，用户更容易接受。具体鼠标使用和部分命令因 Creo 具有参数化的特点，有些许不同，在本书后续中均会有描述。

2.1 草图绘制的基础知识

2.1.1 草图绘制界面与命令

在草绘界面的右边是各种绘图命令，见图 2-2。

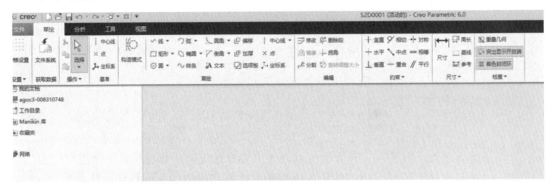

图 2-2

2.1.2 草图绘制的基本步骤

在菜单栏中选择"文件"|"新建"命令，打开"新建"对话框，在"类型"中选择"草绘"，在"文件名"文本框中根据要求输入新文件名，也可单击"确定"按钮或者单击鼠标中键就可以进入草绘界面，如图 2-3 所示。

图 2-3

因 Creo 具有参数化的特点，一般以如下步骤绘制二维图。

（1）简单绘制图形样式，创建过程中如需几何捕捉，移动鼠标可自动捕捉，完成几何图元绘制后，会显示约束。粗略地绘制出图形的几何形状，即"草绘"。

（2）在草绘完成粗略图后，可以手动添加几何约束条件（包含尺寸），控制各图元的几何条件和图元与图元之间的几何约束，如水平、相切、平行等。

（3）根据需要尺寸，手动选择灰色尺寸，单击鼠标右键添加"强"尺寸，尺寸便会以白色显示，对图元进行尺寸约束。

（4）通过几何约束和更改尺寸最终得到需要的精确二维草图，可作截图使用。

2.2　草图图元的绘制

2.2.1　绘制直线段

选择"线"命令 ✓线▾ 可以通过两点或者多点来绘制直线。单击"线"命令右边的小三角形 ▾ ，选择"直线相切"命令 ✕ 直线相切 绘制与两图元相切的直线。

（1）绘制直线段的步骤如下。

第 1 步，在草绘工具中，单击"线"命令 ✓线▾ 。

第 2 步，在草绘区内单击鼠标左键，确定直线的起点。

第 3 步，移动鼠标，草绘区会显示一条线，在所需要的位置单击鼠标左键，可确定此线段的端点，如需继续绘制，继续移动鼠标，到位置后单击鼠标左键。如需退出绘制命令，直接单击鼠标中键即可。

第 4 步，重复上述第 2 步～第 3 步，重新确定新的起点，绘制直线段；或单击鼠标中键，结束命令。

（2）与两图元相切线的绘制。

利用"直线相切"命令 ✕ 直线相切 ，可以创建与两个圆或圆弧相切的相切线（注意相切的图元必须是圆或圆弧，样条曲线、圆锥线等均不可）。

操作步骤如下。

第 1 步，在草绘器中，选择"直线相切"命令（绘制之前，确认圆或圆弧已经绘制）。

第 2 步，系统弹出"选取"对话框，并提示"在弧或圆上选取起始位置"时，在圆或圆弧的适当位置单击，确定直线的起始位点。

第 3 步，系统提示"在弧或圆上选取结束位置"时移动鼠标，在另一个圆或圆弧的适当位置单击，系统将自动捕捉切点，创建一条公切线，如图 2-4 所示。

第 4 步，系统再次显示"选取"对话框，并提示"在弧或圆上选取起始位置"时，重复上述第 2 步～第 3 步，或单击鼠标中键，结束命令。

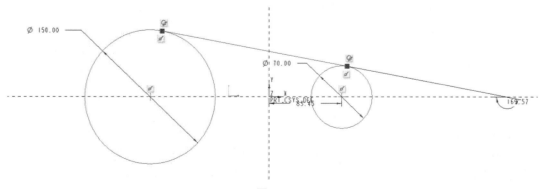

图 2-4

2.2.2 绘制矩形

选择"矩形"命令即可以绘制矩形。单击"矩形"命令 ▢ ⋅ 右边小三角形，出现 ▢ ◇ ▱，选择"斜矩形"命令 ◇ 绘制斜矩形，选择"平行四边形"命令 ▱ 绘制平行四边形。

注意：绘图时，要理解矩形的画法，从哪里开始到哪里结束，各是靠什么确定形状，与中学所学知识可以对比思考，类似地需要如此考虑的还有下面学到的圆和圆弧的画法。

2.2.3 绘制圆

选择"圆"命令 ⊙ 圆 即可以绘制圆。单击"圆"命令右边的小三角形，出现四个选项，选项"同心圆"命令 ◎ 绘制同心圆，选择"3 点"命令 ⬡ 用三点画圆，选择"3 相切"命令 ⬡ 绘制与 3 个图元相切的圆。

Creo 创建圆的方法有：指定圆心和半径画圆、画同心圆、3 点画圆、画与 3 个图元相切的圆，如图 2-5 所示。

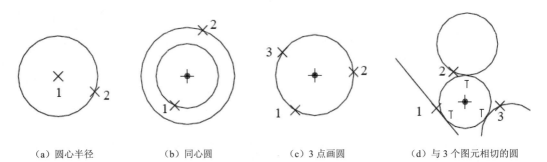

|（a）圆心半径|（b）同心圆|（c）3 点画圆|（d）与 3 个图元相切的圆|

图 2-5

注意：使用圆心半径绘图时，第一点为圆心，第二点为半径，可通过修改尺寸，绘制需要尺寸的圆。另外，在绘制过程中，如已有其他图形存在，注意是否形成不需要的约束，如果形成不必要的约束，需要单击约束，右击选择"删除"。绘制同心圆，第一点为圆心，第二点及以上为圆的半径，需要退出时单击鼠标中键即可。3 点画圆，单击不在同一条直线上的 3 点即可成圆。绘制相切圆时，分别选择需要相切的圆或圆弧即可，如果在同一选择圆或圆弧上有多重位置均可变为相切圆，在选择切点大概位置时一定注意，通过绘制不同的相切圆找出其中的规律。

总之，绘制过程中必须注意是否有多余的约束产生，如不需要，要进行删除，否则对后续更改尺寸或其他约束，会造成极大困扰。

2.2.4 绘制弧

选择"弧"命令 ⌒ 弧 ⋅ 即可以绘制弧。单击"弧"命令右边的小三角形，出现：3 点/相切端、圆心和端点、3 相切、同心、圆锥 5 种模式。圆弧的绘制方式与圆的绘制类似，下面以 3 点绘制圆弧为例。

利用"3 点/相切端"命令可以指定 3 点创建圆弧，该方式是默认画圆弧的方式。调用命令的方式如下。

菜单：执行"草绘"|"弧"|"3 点/相切端"命令。

图标：单击"草绘器工具"工具栏中的 ⌐ 按钮。

快捷菜单：在草绘窗口内右击，在快捷菜单中选取"3 点/相切端"命令。

操作步骤如下。

第 1 步，在草绘器中，单击 ⌐弧 ▾ 按钮，启动"3 点/相切端"命令。

第 2 步，在合适位置单击，确定圆弧的起始点，如图 2-6 所示的点 1。

第 3 步，移动鼠标，在适当位置单击，指定圆弧的终点，如图 2-6 所示的点 2。

第 4 步，移动鼠标，在适当位置单击，如图 2-6 所示的点 3，确定圆弧的半径。

第 5 步，重复上述第 2 步～第 4 步，创建另一个圆弧；或单击鼠标中键，结束命令。

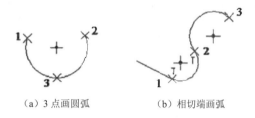

（a）3 点画圆弧　　　　　（b）相切端画弧

图 2-6

注意：圆弧与圆的绘制相似，但圆弧增加了圆弧的起点和终点，绘制时同样需要注意约束。在这里重点说明一下圆锥曲线，很多人对于这个命令用的并不是很多，但这个命令的功能其实很强大，数学含义表达繁多，可以画圆弧、椭圆弧、抛物线、双曲线，见图 2-7。

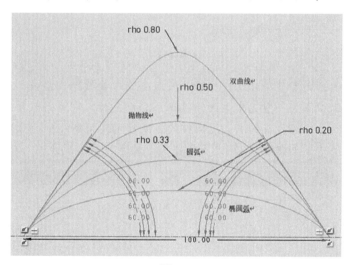

图 2-7

在 Creo 6.0 中的圆锥曲线，其实是一条特殊的二阶的非均匀有理 B 样条曲线。例如，用 P0 和 P2 代表端点处的两个控制点，P1 代表拖动方向的控制点。

那么 rho 值实际就是 P1 点的加权因子，也可以认为是 P1 点的逼近因子。rho 值越大，离 P1 点越近；rho 值越小，则离 P1 点越远。rho 值为 0 时就成了一条直线，就会形成下面的规则。

当 rho 值大于 0.5 时，为一条双曲线；当 rho 值等于 0.5 时（默认值），为一条抛物线；当 rho 值小于 0.5 时，就变为一段椭圆弧。

2.2.5 绘制样条曲线

首先，理解什么是样条曲线。样条曲线是 B-splines（B 样条曲线），它包含 NURBS（非均匀有理 B 样条曲线），是 NURBS 的一般形式。什么时候使用样条曲线呢？简单地说，NURBS 就是专门做曲面物体的一种造型方法。NURBS 就是模拟点线面的过程，最后再转换成网格形成复杂曲面。

单击"样条"曲线命令 $\sim$样条，移动鼠标，在适当位置单击，完成后单击鼠标中键，即可退出，见图 2-8。在完成后，考虑如何更改，得到自己所需要的样条曲线。

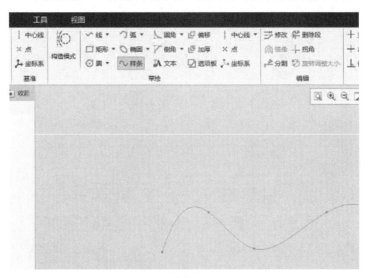

图 2-8

注意：修改的方式有多种：①模糊修改：双击选中曲线后，右击，从弹出菜单中选择"添加点"，单击选中点（一直选中）的情况下，移动鼠标，即可修改曲线，也可以用鼠标左键直接选择曲线上已经存在的点，用同样的方式移动（见图 2-9）；②精确修改：选中尺寸后双击，修改尺寸（见图 2-10）。更多的方式，读者可自己摸索。

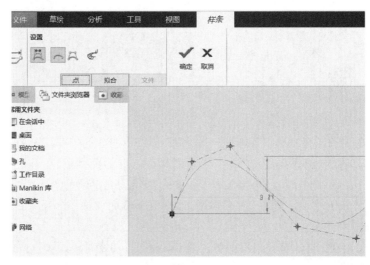

图 2-9

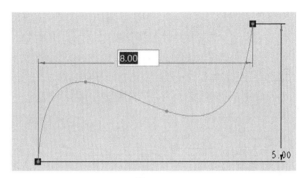

图 2-10

2.2.6　绘制圆角与倒角

选择"圆角"命令 ╲ 圆角 即可以绘制倒圆角。单击"圆角"命令右边的小三角形，有多种倒圆角形式及倒圆角后的最终形态，注意区别（见图 2-11）。

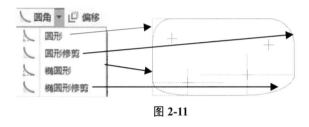

图 2-11

1. 圆角的绘制

利用"圆角"命令可以在选取的两个图元之间自动创建圆角过渡，这两个图元可以是直线、圆和样条曲线。圆角的半径和位置取决于选取两个图元时的位置，系统选取离两条线段交点最近的点创建圆角。

调用命令的方式如下。

菜单：执行"草绘"|"圆角"|"圆形"命令。

图标：单击"草绘器工具"工具栏中的 ╲ 圆角 按钮。

注意：倒圆角过程既是增加圆角的过程也是修剪的过程，注意观察不同的倒角和圆角，分析其中的不同，但同一角进行倒圆角或倒角操作后，不能再进行第二次。

2. 倒角的绘制

选择"倒角"命令 ╱ 倒角 即可绘制倒角。单击"倒角"命令右边的小三角形（见图 2-12），有两种倒角形式及倒角后的最终形态，注意区别（见图 2-13）。

图 2-12

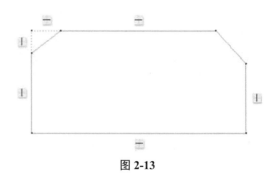

图 2-13

2.2.7 绘制点和坐标系、中心线

（1）选择"点"命令 × 点 即可以绘制点，鼠标在选中的点单击即可，具体位置利用修改尺寸确定。

（2）选择"坐标系"命令 ↓→坐标系 ，鼠标在选中的点单击即可，具体位置利用修改尺寸确定。

（3）选择"中心线"命令 ┆ 中心线 ▾ ，单击右边的小三角形可以看到两种模式，绘制过程可以参考直线段（线段和线切线）的绘制方法，唯一区别是中心线无限长。

> "草绘"中的"中心线""点""坐标系"工具是辅助绘制图形的构造图元，它们只存在于草绘模式中，当退出草绘模式时会自动消失，不会在最终图形中显示。
>
> 创建构造中心线时，与绘制直线方式类似，选择"草绘"选项组中的"中心线"命令，在绘图区分别单击确认两个点，即可创建一条构造中心线，它可作为回转曲面或回转体的回转中心线，无限长。
>
> 创建与两图元相切的构造中心线时，与相切线绘制类似，选择"中心线"下拉菜单中的"中心线相切"命令，单击第一个图元上所需的切点，再单击第二个图元上的切点，即可创建与两个图元相切的构造中心线，单击鼠标中键完成构造中心线创建。
>
> 创建构造点时，单击"草绘"选项组中的"点"按钮，在绘图区单击即可创建一个构造点，再移动鼠标指针到绘图区另一位置单击，可创建另一个构造点，以此类推，可创建多个构造点，单击鼠标中键完成构造点创建。
>
> 单击"坐标系"按钮，在绘图区单击某点即可创建一个构造坐标系，再移动鼠标指针到绘图区另一位置单击，可创建另一个构造坐标系，以此类推，可创建多个构造坐标系，单击鼠标中键完成构造坐标系创建。构造点和构造坐标系通常作为绘图参考使用。

2.2.8 绘制文本

选择"文本"命令 𝐀 文本 即可绘制文本，见图 2-14。

操作步骤如下。

第 1 步，在草绘器中，启动"文本"命令。

第 2 步，系统提示"选择行的起始点，确定文本高度和方向"时，移动鼠标，单击，确定文本行的起点，接着单击第二点确定文字高度和方向，便会弹出文字图框，编辑文字。

第 3 步，在"文本"对话框中的"文本"框中输入文字，最多可输入 79 个字符，且输入的文字动态显示于草绘区。

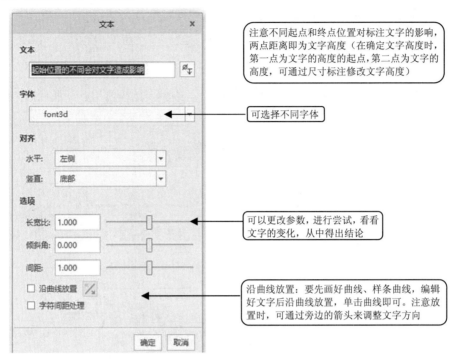

注意不同起点和终点位置对标注文字的影响，两点距离即为文字高度（在确定文字高度时，第一点为文字的高度的起点，第二点为文字的高度，可通过尺寸标注修改文字高度）

可选择不同字体

可以更改参数，进行尝试，看看文字的变化，从中得出结论

沿曲线放置：要先画好曲线、样条曲线，编辑好文字后沿曲线放置，单击曲线即可。注意放置时，可通过旁边的箭头来调整文字方向

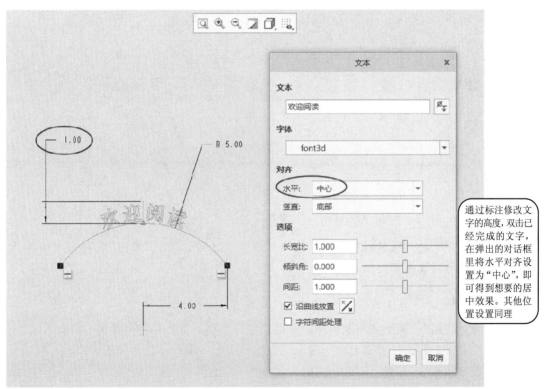

通过标注修改文字的高度，双击已经完成的文字，在弹出的对话框里将水平对齐设置为"中心"，即可得到想要的居中效果。其他位置设置同理

图 2-14

第 4 步，在"文本"对话框中的"字体"选项组内选择字体，设置文本行的对齐方式、

宽高比例因子、倾角等。

第 5 步，单击"确定"按钮，关闭对话框，系统创建单行文本。

注意：绘制时，起始位置的不同会对文字造成影响，如方向和高度。

2.2.9　调用常用截面

选择"选项板"命令 ☑选项板 即可绘制常用截面。该命令比较常用，下面以画六边形为例，简述画图步骤，见图 2-15。

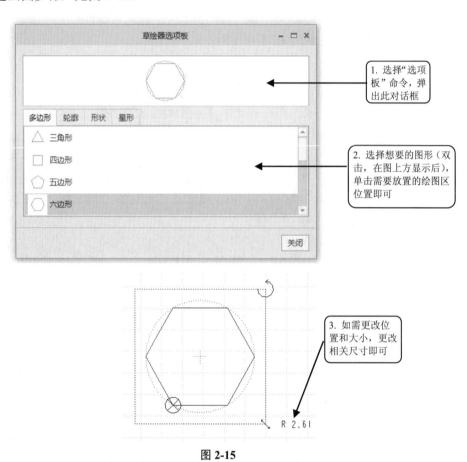

图 2-15

注意：在弹出的"旋转调整大小"的相应方框中输入合适的三维值可调整其大小和方向；单击最终的标注也可更改其大小。

2.2.10　偏移

单击 ◫ 偏移 按钮，用于将对象复制，并将其进行偏移，但不是完全等大小复制。

选择"单一"偏移：可以对单一对象进行偏移操作。单击一条直边的边线后，可以发现出现偏移方向的箭头，具体见图 2-16。

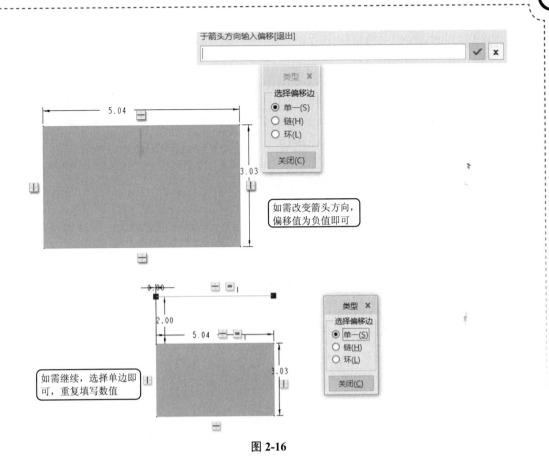

图 2-16

选择"链"偏移：选中多个相连的线段，可以对一系列选中线段进行偏移，见图 2-17。

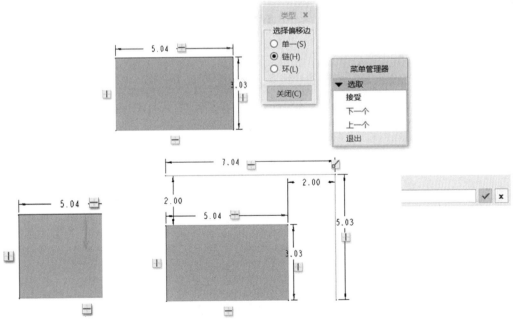

图 2-17

选择"环"偏移：单击闭环图像中任一线段，输入偏移量便可进行闭环偏移，见图 2-18。

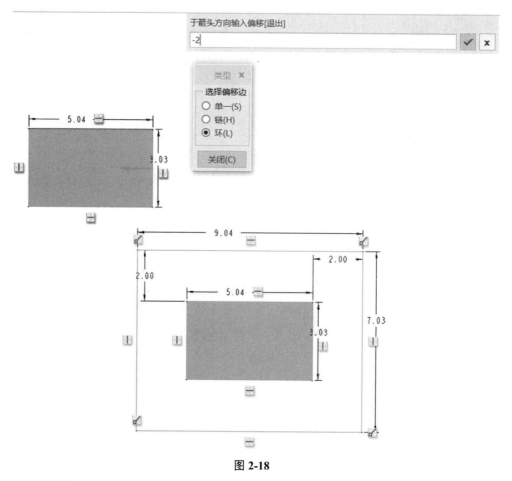

图 2-18

2.2.11　加厚

加厚就是给出一个具有宽度的两个线条。选择加厚边为"单一"、"端封闭"为"开放"时，具体操作见图 2-19。

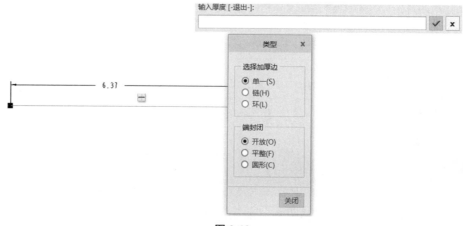

图 2-19

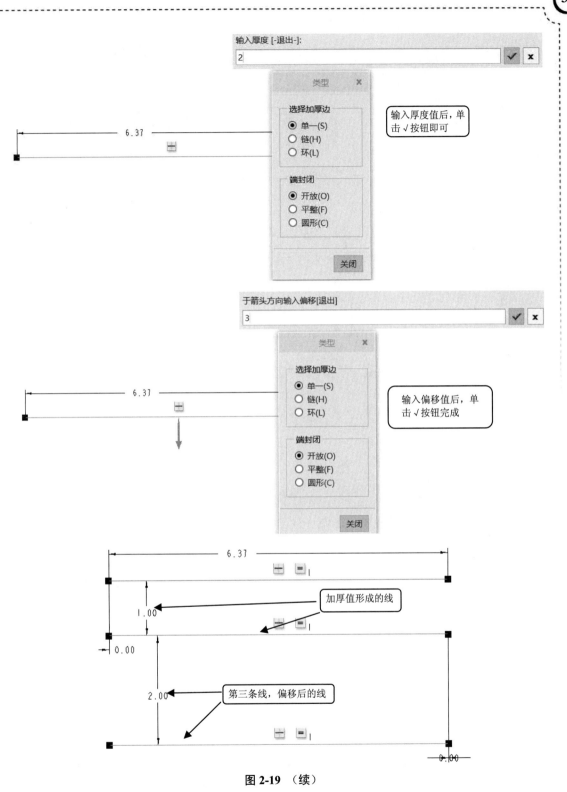

图 2-19　（续）

选择加厚边为"单一"、"端封闭"为"平整"时，具体操作见图 2-20。

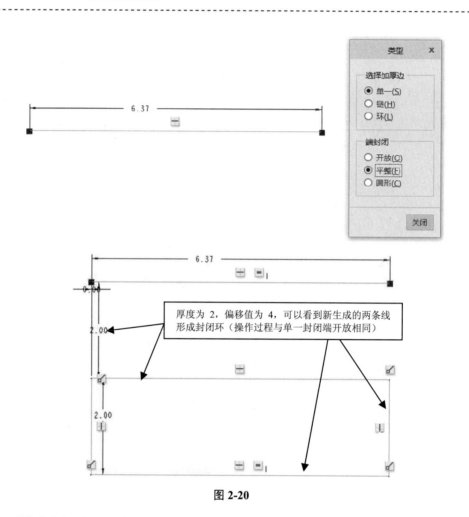

厚度为 2，偏移值为 4，可以看到新生成的两条线
形成封闭环（操作过程与单一封闭端开放相同）

图 2-20

加厚模式中的链、环等模式，读者可自己尝试，参考偏移和加厚操作的相关过程（包括封闭端的不同模式）。

2.3 草图的编辑

2.3.1 修改

修改命令主要用于编辑尺寸，从而达到修改、移动、编辑图形的目的。

使用 ⬚ 修改 命令有两种方式：第一种，单击"修改"命令，选择需要修改的尺寸，会弹出"修改尺寸"对话框（图 2-21）（选择多项，对话框内便会显示多个修改尺寸），对尺寸进行修改即可；第二种，可以先选择需要修改的尺寸（可以多选），然后单击"修改"命令，同样会弹出此对话框。

注意：使用时"重新生成"和"锁定比例"的作用和意义，要多尝试，观察其中的不同。如果尺寸修改失败，应首先观察是否与之前的标注尺寸或约束有冲突。

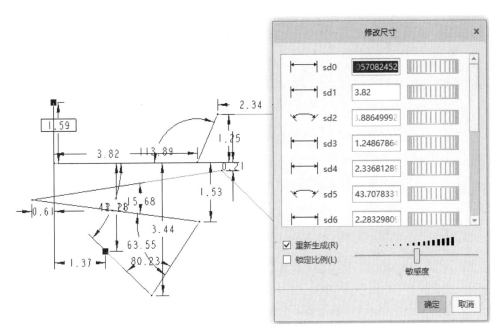

图 2-21

2.3.2 删除段

选择"删除段"命令 ✂ 删除段，单击不需要的线段，即可删除。也可以在一直单击鼠标左键的状态下，移动鼠标，与鼠标轨迹相交的线段均会被删除。还可用鼠标左键选中需要删除的图元，按 Delete 键，直接删除。

2.3.3 镜像

镜像用来创建关于中心线对称的草绘图元。需要注意的是，必须要有中心线，"镜像"命令才可以使用。

使用 ⬚ 镜像 时，必须要有中心线，否则无法调用"镜像"命令。首先选择需要镜像的图元（可单选也可多选），选中后单击"镜像"命令，然后再单击中心线，图元便会在中心线另一侧显示。"镜像"命令只能将图元复制，图元本身的尺寸、约束等无法复制，但相对位置、尺寸等因素受镜像图元的影响。读者可以自己尝试更改图元，关注其中的变化并总结，见图 2-22。

2.3.4 拐角与分割工具

1. 拐角

"拐角"命令可以修剪两相交图元交点外的延长线，也可以连接有相交趋势的两图元，使之相交。

单击 ⊥ 拐角 按钮后再单击选择两图元，即可。

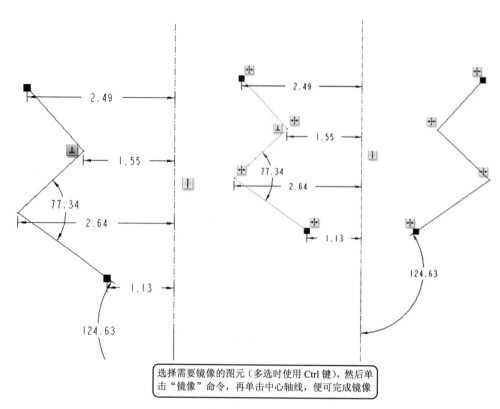

选择需要镜像的图元（多选时使用 Ctrl 键），然后单击"镜像"命令，再单击中心轴线，便可完成镜像

图 2-22

单击两图元交点右侧（⊗所示方向），注意留存的部分，见图 2-23 和图 2-24。

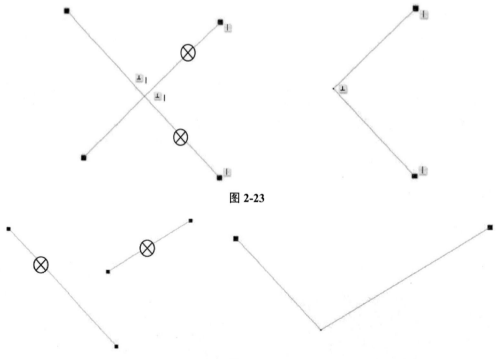

图 2-23

图 2-24

2. 分割

选择 ⚡分割 命令，可以通过添加点将图元分割打断。

单击图中两图元⊗位置，注意图元的变化（注意尺寸标识），见图 2-25。

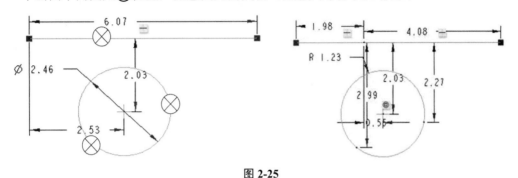

图 2-25

2.3.5　缩放调整大小

草绘工具中 ⟳ 旋转调整大小 可以缩放、旋转图元。

操作步骤（见图 2-26）如下。

第 1 步，选取几何图元。

第 2 步，单击 ⟳ 旋转调整大小 按钮，按照提示选择中心线或直线（考虑一下为什么要求选择，选择后注意观察坐标系方向的变化）。

第 3 步，系统弹出旋转和移动的标识，并使用鼠标左键单击并移动鼠标，完成观察旋转角度和移动 R 数值的变化。需要关注角度如何变化，参照物是什么。

第 4 步，根据自己的需要更改旋转角度和缩放大小（⊗标识），即可得到所需的图形。

注意：在修改完旋转角度和缩放比例后，再单击鼠标中键退出缩放调整大小命令。

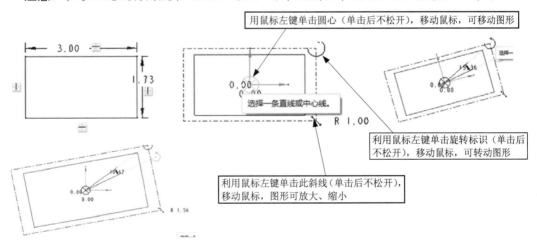

图 2-26

选择"镜像"命令可以将已选中的图元通过中心线镜像（注意：图元必须通过中心线才能镜像），具体步骤见图 2-22。

2.3.6 剪切、复制和粘贴操作

草绘器中的剪切、复制和粘贴（图 2-27）的操作和意义与 Word 中的操作方式类似，但粘贴后，可以旋转和缩放，并可更改尺寸（如图 2-28 所示，此时更改尺寸的方式与缩放调整大小命令相同）。

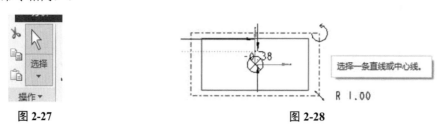

图 2-27   图 2-28

2.3.7 拖动图元

在草绘过程中，直接移动或编辑图元可以加快绘图效率，因为每种图元移动的方式均有所不同，故下面单独介绍。

1. 直线

按住鼠标左键选择图元的点、线后移动鼠标，可以发现选择线时图元整体移动，选择点时，线段发生变化，见图 2-29。

注意：当线段与其他图元有约束时，要注意其变化（一是线段本身不能移动；二是其他约束图元同时变化）。

图 2-29

2. 矩形

用鼠标左键选择图元，无论是端点还是线段，均可直接移动矩形，见图 2-30。

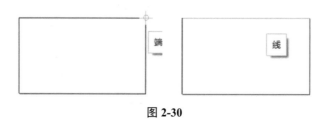

图 2-30

3. 圆

当移动圆时，可选择圆心和圆弧线。当单击圆心时（见图 2-31），可移动圆；当选择圆弧时，如果移动圆，圆弧的半径将发生变化。

4. 圆弧

当移动圆弧时，可选择圆心和圆弧线及两端点，当单击圆心时（见图 2-32），可移动圆弧；当选择圆弧线时，如果移动圆，圆弧的两端点不变，圆弧半径与圆心变化；当移动圆弧的端点时，圆弧将绕着另一端点进行旋转。

图 2-31　　　　　　　　　　　　　　　　　图 2-32

5. 几何点、构造点、坐标系

当移动此类图元时，用左键选中直接移动鼠标即可。

注意：无论哪种图元需要移动，都需要关注与其他图元有无约束，如发生冲突，需删除约束或采取其他方式解决。

2.4　几何约束

几何约束是定义几何图元或图元之间关系的条件。在草绘过程中，依据设计需求可以添加系统或我们自己添加的约束（除了强尺寸约束），能提高制图效率。约束主要包括竖直、水平、垂直（正交）、相切、中点、重合、对称、相等和平行（见图 2-33）。

┼ 竖直	⅋ 相切	⊹ 对称
┼ 水平	↖ 中点	═ 相等
⊥ 垂直	→ 重合	∥ 平行

图 2-33

2.4.1　几何约束的创建

使用几何约束相关步骤见图 2-34～图 2-44。

（1）竖直约束 ┼ （例如，对 ⊗ 标识线条进行操作），选择竖直约束对所选线段进行操作，见图 2-34。

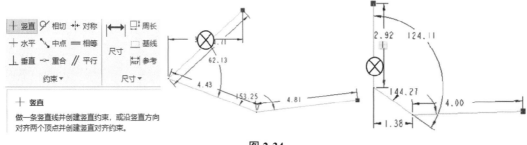

图 2-34

注意：当把指定的线条利用约束变为竖直后，首先看约束的线段是否多了竖直约束的标识，再看其他的尺寸，多数发生了变化，在实际绘图过程中，是不允许尺寸变化发生的，问题在哪呢？该怎么解决？

（2）水平约束 ┼ （例如，对⊗标识线条进行操作），选择水平约束对所选线段进行操作，见图 2-35。

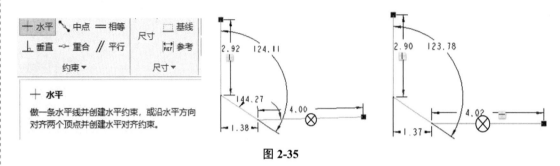

图 2-35

注意：与竖直约束后同样需要关注的，当把指定的线条利用约束变为水平后，首先看约束的线段是否多了水平约束的标识，再看其他尺寸是否有变化？

（3）垂直约束 ⊥ （例如，对⊗标识线条进行操作），选择垂直约束对所选线段进行操作（垂直约束是选择两个线），见图 2-36 和图 2-37。

图 2-36

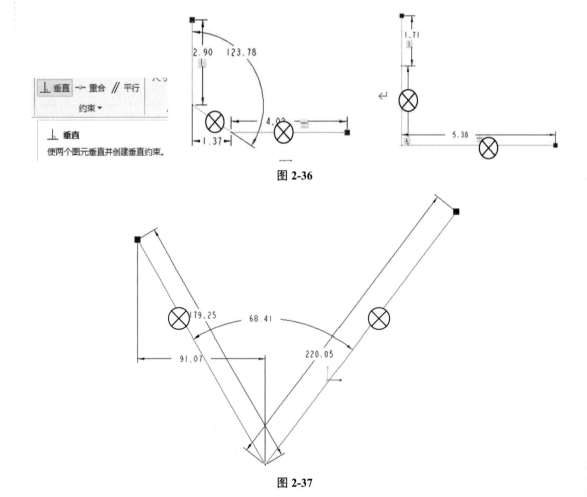

图 2-37

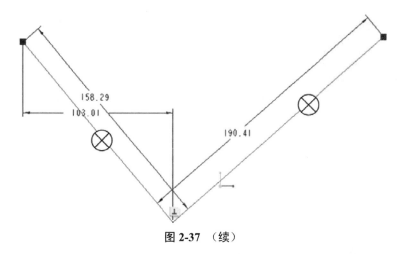

图 2-37　（续）

注意：分别对图 2-36、图 2-37 两组图元进行垂直约束，发现图 2-36 中的水平线的方向未发生变化，而图 2-37 中，两个线条方向、尺寸都有所变化。其中区别在于图 2-36 的水平线已经有水平约束，所以就不会有变化。拓展思考，如果把相关线段提前加入强尺寸约束，是否当添加其他约束时，线段尺寸不会发生变化？或者如果已经添加了角度约束，再使用垂直约束是否可行？读者可自己尝试。如果出现约束冲突，只能删除多余的约束，见图 2-38。

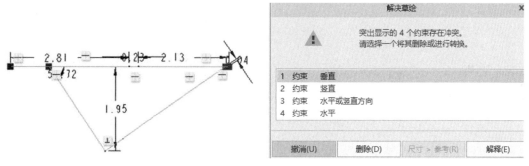

图 2-38

（4）相切约束 ⦸（相切约束必须两个图元中至少有一个图元是圆或圆弧），见图 2-39（三个图元均与标识⊗的图元进行相切）。

注意：⊗标识的图元有三个相切图示，其中，线段线切是延长线与圆进行相切。

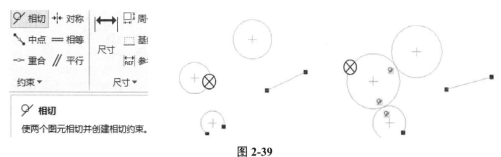

图 2-39

（5）中点约束 ⦸（约束某点为图元中点，以⊗标识图元为例，见图 2-40）。

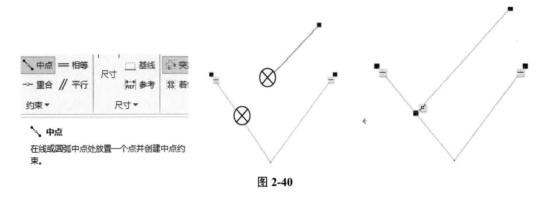

图 2-40

注意：先选择图元端点，再选择中点所在图元。

（6）对称约束图元 ⧺（以 ⊗ 标识图元为例，两图元以中心线对称，见图 2-41）。

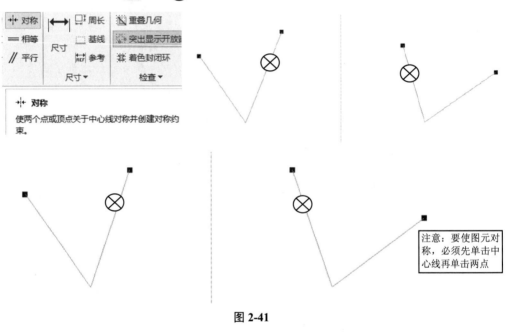

注意：要使图元对称，必须先单击中心线再单击两点

图 2-41

（7）约束图元相等 ═（以 ⊗ 标识图元为例，见图 2-42）。

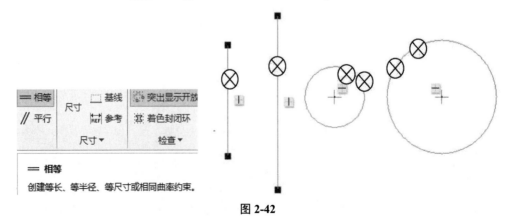

图 2-42

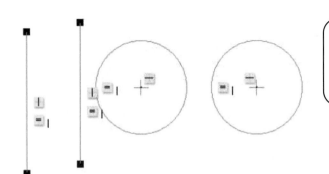

图 2-42 （续）

（8）重合约束 ─●─ （约束某点为图元中点，以 ⊗ ✦ 标识图元为例，见图 2-43）。

注意：要使图元重合或共线，通过尝试，线段、圆均可，其他图元类别可以尝试。在练习时，很多时候都是两者同时发生变化，那如何定义基准呢？可以参考"相等"约束考虑的结果

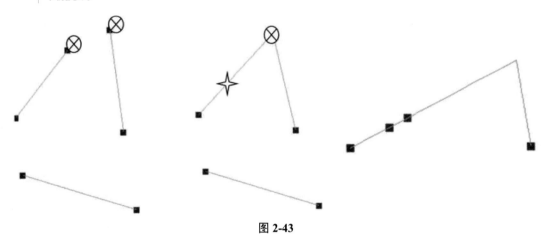

图 2-43

（9）平行约束 // （约束某点为图元中点，以 ⊗ 标识图元为例，见图 2-44）。

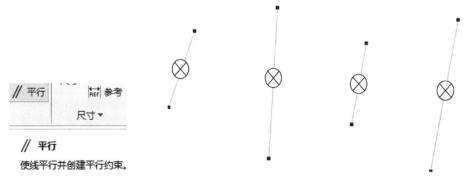

图 2-44

2.4.2 几何约束的修改

在绘制图元的过程中，系统会自动显示标注尺寸（包括几何约束），可以根据自己的需要更改约束，尺寸也由弱尺寸变为强尺寸或锁定。针对尺寸，单击选中尺寸后右击即可弹出 🔒 ⇒ 🔒 ⧉，单击其中命令即可。

注意：在 Cero 中利用右键时，需要单击右键持续一段时间直至相关选项出现。

2.5 尺 寸 约 束

2.5.1 尺寸标注

尺寸工具 |↔| （见图2-45）可以标注线型、半径、直径、角度等的尺寸，单击尺寸标注，然后选中需要标注的图元如两点、两线、圆弧等，最后在需要放置尺寸的位置单击鼠标中键即可出现需要的尺寸。

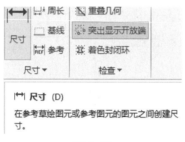

图 2-45

1. 线性尺寸标注

（1）直线段之间尺寸的标注，见图 2-46。

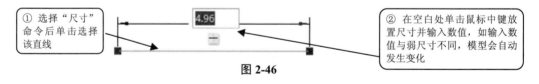

① 选择"尺寸"命令后单击选择该直线

② 在空白处单击鼠标中键放置尺寸并输入数值，如输入数值与弱尺寸不同，模型会自动发生变化

图 2-46

（2）两点间距离的标注，具体标注方法见图 2-47。

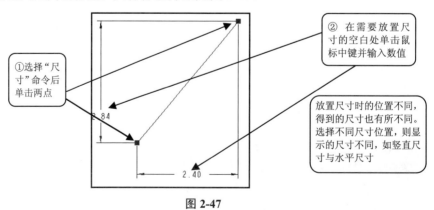

①选择"尺寸"命令后单击两点

② 在需要放置尺寸的空白处单击鼠标中键并输入数值

放置尺寸时的位置不同，得到的尺寸也有所不同。选择不同尺寸位置，则显示的尺寸不同，如竖直尺寸与水平尺寸

图 2-47

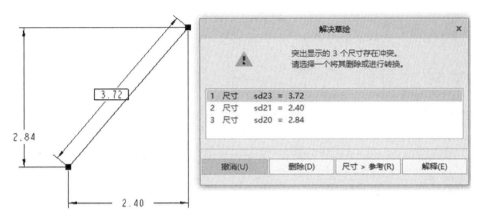

图 2-47　（续）

注意： 当标注两点之间的直线距离时，提示冲突，将冲突的三个尺寸删除一个即可。

（3）点与直线的距离标注，具体标注方法见图 2-48。

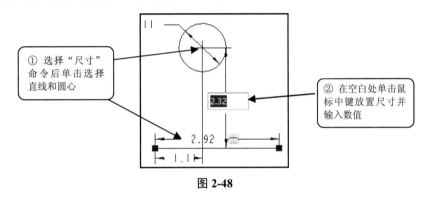

① 选择"尺寸"命令后单击选择直线和圆心

② 在空白处单击鼠标中键放置尺寸并输入数值

图 2-48

（4）两平行线之间距离的标注，具体标注方法见图 2-49。

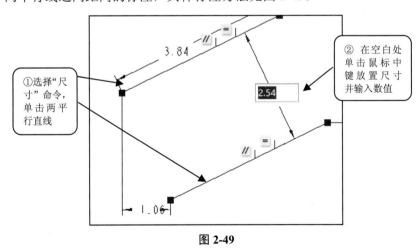

①选择"尺寸"命令，单击两平行直线

② 在空白处单击鼠标中键放置尺寸并输入数值

图 2-49

（5）直线与圆（圆弧）的切点距离的标注，具体标注方法见图 2-50。

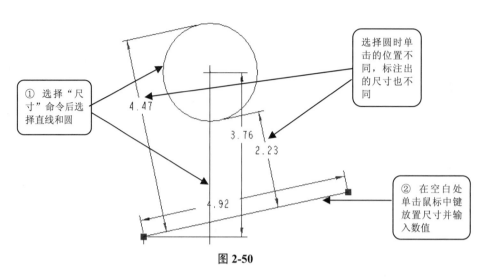

图 2-50

（6）半径标注，具体标注方法见图 2-51。

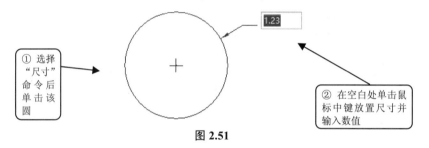

图 2.51

（7）直径标注，具体标注方法见图 2-52。

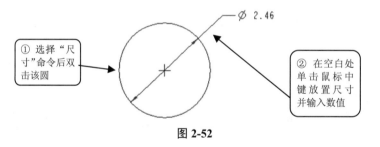

图 2-52

注意： 单击圆、圆弧两次为直径，单击一次为半径，读者可以自行尝试。

（8）角度标注，具体标注方法见图 2-53。

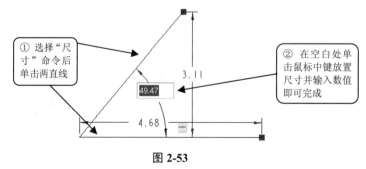

图 2-53

（9）圆弧角度的标注，具体标注方法见图 2-54。

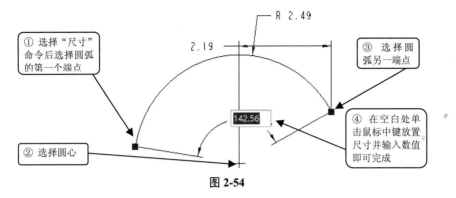

图 **2-54**

（10）弧长标注，具体标注方法见图 2-55。

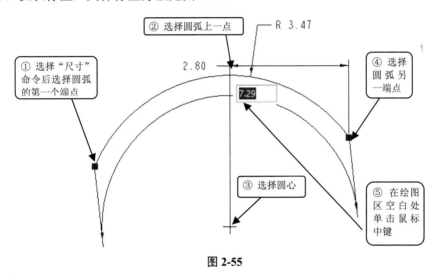

图 **2-55**

（11）椭圆半轴标注，具体标注方法见图 2-56。

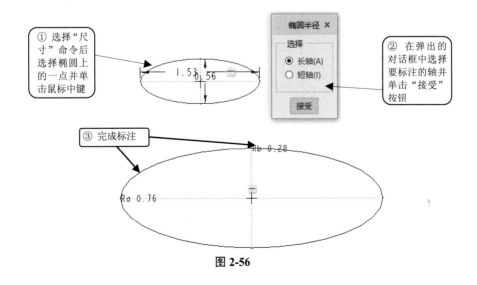

图 **2-56**

2. 周长标注

选择"周长"命令可以对图元链标注周长驱动尺寸，见图 2-57。

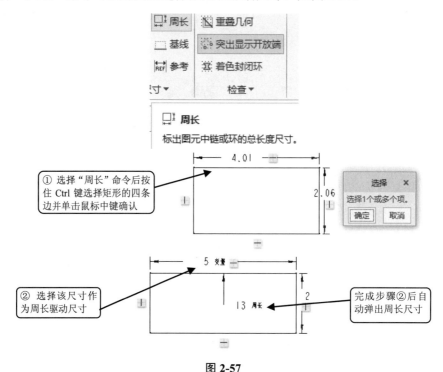

图 2-57

注意：周长标注的图形，不只是矩形，其他封闭图形亦可（读者要尝试周长的构成，如将多边形的一边更改为样条曲线，再标注周长），如图 2-58 所示。图形标注好周长以后，由周长尺寸控制图元的尺寸将不能直接被修改，只能通过修改周长尺寸来进行驱动改变。

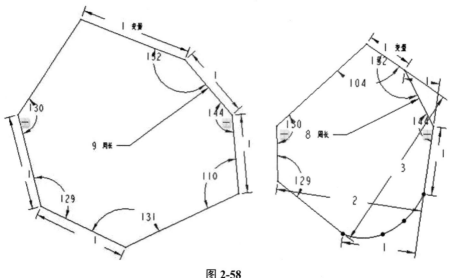

图 2-58

3. 参考尺寸标注 REF

参考尺寸是计算尺寸，用于显示零件的用途设计尺寸。它是一个位于括号中的数值，仅用于提供信息，而不在零件制品中使用。依照旧标准绘制的绘图可能使用放置在参考尺寸旁边的 REF 标注，而不使用括号。

可以对图元添加参照尺寸，具体标注方法见图 2-59。

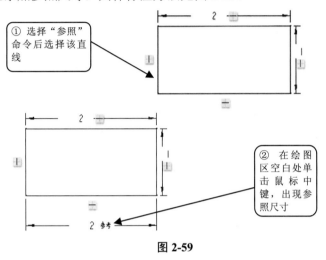

图 2-59

4. 创建基线

"基线"具体标注方法见图 2-60。

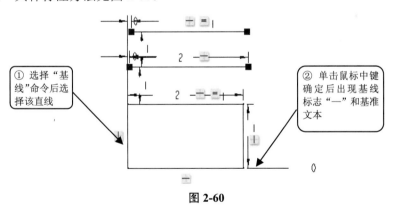

图 2-60

基线尺寸的创建，具体标注方法见图 2-61。

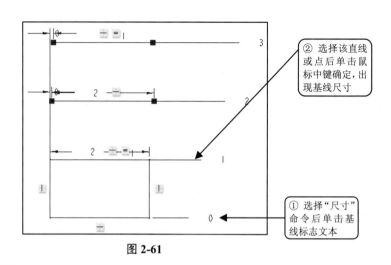

图 2-61

2.5.2　尺寸值修改

（1）双击尺寸，直接修改数值，修改完成后，按 Enter 键或按鼠标中键即可，见图 2-62。

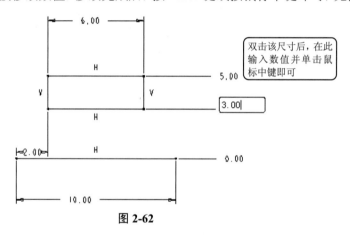

图 2-62

（2）选中需要修改的一个或者几个尺寸，选择"修改"命令 ✎ 对尺寸进行修改，具体方法见 2.3.1 节。

（3）尺寸转换。

弱尺寸转换为强尺寸：单击选择尺寸，右击选择"强尺寸"即可。

尺寸锁定：选择尺寸，右击选择"锁定尺寸"即可。

注意：强尺寸可以修改，尺寸锁定不解除则尺寸无法修改，建议对于重要尺寸进行锁定。

2.5.3　过度约束的解决

当尺寸过度约束时，会弹出冲突对话框，具体解决方法见图 2-63。

注意：当出现约束冲突，删除多余约束时，要选择不会影响其他图元的约束。

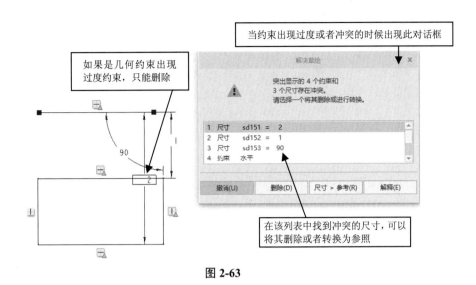

图 2-63

2.6 实例——钩子的绘制

本实例主要针对 Cero 中的参数化和约束进行学习，通过练习深刻理解各类尺寸和约束的使用。

绘图之前，首先观察图形（见图 2-64），钩子图形的圆弧部分均依靠尺寸与约束同时作用才能成形，钩子顶部矩形尺寸齐全，因此从钩子顶部开始绘制。

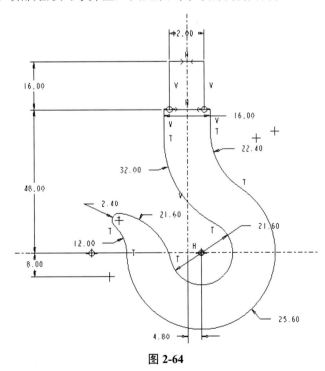

图 2-64

（1）绘制两条中心线，见图 2-65。

（2）绘制矩形（注意两侧边对称），见图 2-66。

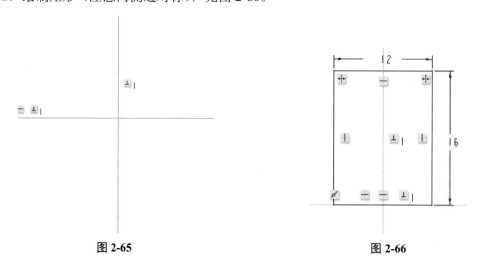

图 2-65   图 2-66

（3）绘制直径为 21.6 的圆。绘制此圆时首先确认该圆的圆心位置，然后再绘制圆，见图 2-67。

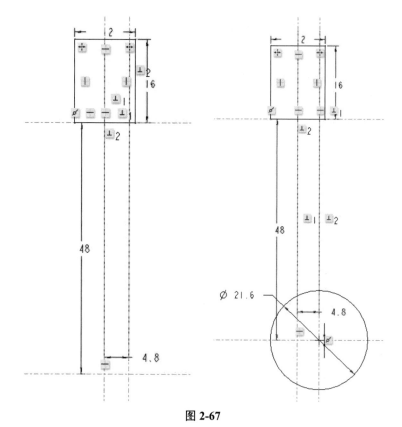

图 2-67

（4）绘制半径为 25.6 的圆。绘制此圆时首先确认该圆的圆心位置（该圆与直径为 21.6 的圆同心），然后再绘制圆（绘制过程中，最好将前面完成的尺寸进行锁定），见图 2-68。

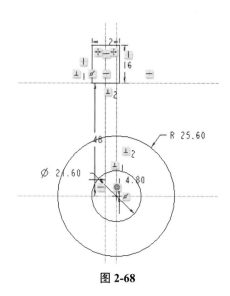

图 2-68

（5）用直线命令以及圆命令绘制半径为 22.4 的圆，观察此圆，圆心未定。已知圆半径尺寸、圆弧相切图元，故此圆绘制就必须依据 Cero 约束定义成形。绘制完成后，利用相切约束 ⚲ 将圆弧与 ⊗ 标识图元相切，见图 2-69。

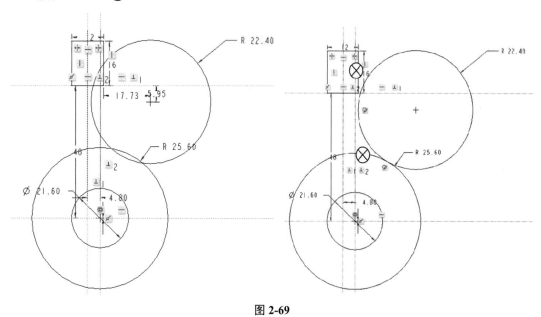

图 2-69

（6）绘制半径为 32 的圆（见图 2-70），注意放置圆心时不要与其他图元产生约束，初始放置圆心位置时，要大概判断位置。

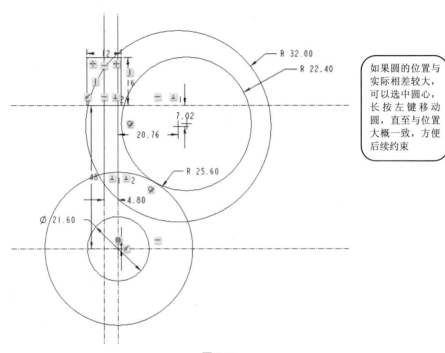

如果圆的位置与实际相差较大，可以选中圆心，长按左键移动圆，直至与位置大概一致，方便后续约束

图 2-70

（7）绘制完成后，利用相切约束 ✑ 将圆弧与⊗标识图元相切，见图 2-71。

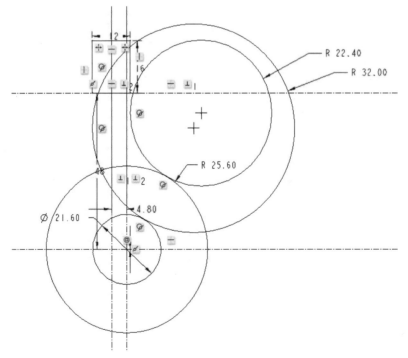

图 2-71

（8）延长线段（用 ⊗ 标识）使其和与之相切的圆（用 ✸ 标识）相交，见图 2-72。

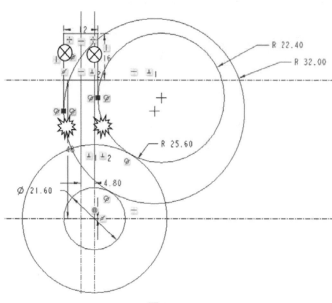

图 2-72

（9）绘制半径为 21.6 的圆（见图 2-73），根据图形，可知圆心的竖直方向位置，水平方向未知，但可以发现该圆与 ⌀21.6 的圆相切。

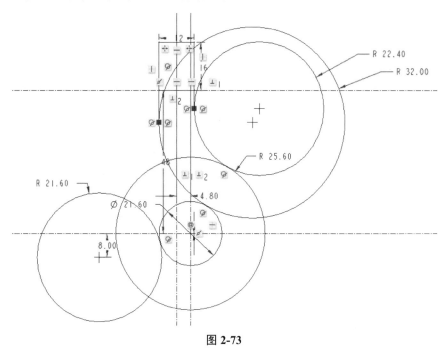

图 2-73

（10）绘制半径为 12 的圆（见图 2-74），根据图形，可知圆心的水平方向位置，竖直方向未知，但可以发现该圆与半径为 25.6 的圆相切且相切位置必定在水平线上（与两圆心同一条直线）。

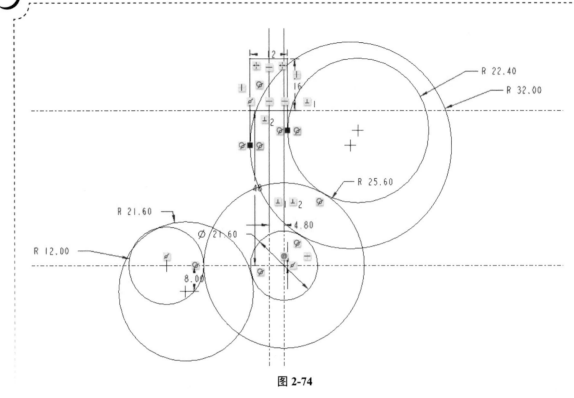

图 2-74

（11）绘制半径为 2.4 的圆，使之与半径为 12、半径为 21.6 的圆相切（也可利用倒圆角完成），见图 2-75。

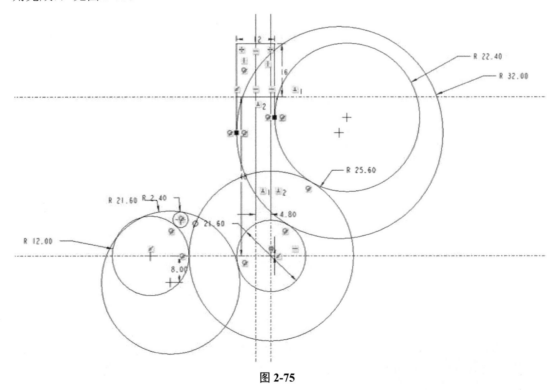

图 2-75

（12）使用 ✂ 删除段 删除多余的图元，见图 2-76。

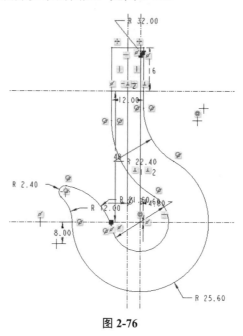

图 2-76

（13）检查图形，发现图形顶部两直线距离为 16，顶部与两圆相切线之间距离为 12，怎么办呢？有人推倒重来，也有人直接更改，但更改后发现多数图元尺寸发生巨大变化，通过此图绘制可知绘制图元的尺寸特别是重要尺寸标注后一定要锁定。这里进行更改，直接将与两圆相切线距离改为 16，顶部线段重新绘制，如图 2-77 和图 2-78 所示。其中图 2-78 为隐藏约束和尺寸后的图。

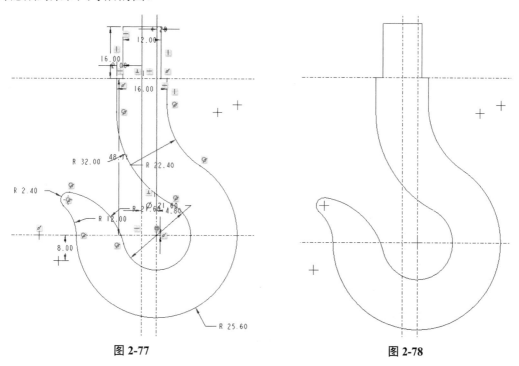

图 2-77　　　　　　　　　　　　　　　　图 2-78

习　题

1. 绘制如图 2-79 所示图形。

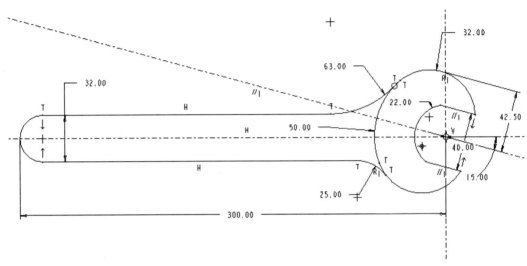

图 2-79

提示：该题比较复杂，绘图技巧与实例钩子类似，利用已知尺寸和约束确定图形，注意锁定尺寸。

2. 绘制如图 2-80 所示图形。

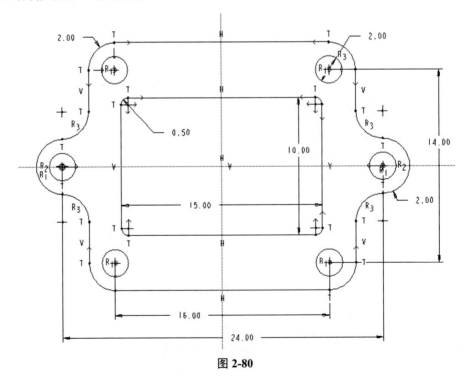

图 2-80

3. 绘制如图 2-81 所示图形。

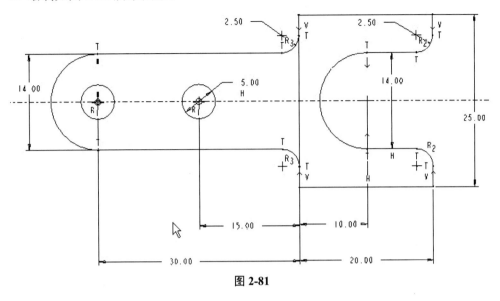

图 2-81

4. 绘制如图 2-82 所示图形。

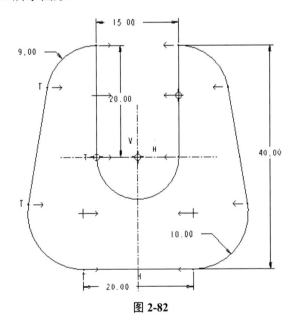

图 2-82

5. 绘制如图 2-83 所示图形。

提示：本题关键点在于角度为 8° 的线条的绘制，此线与上部半径为 25 的圆相切，一定要对切点关注，该切点不会形成特殊约束。

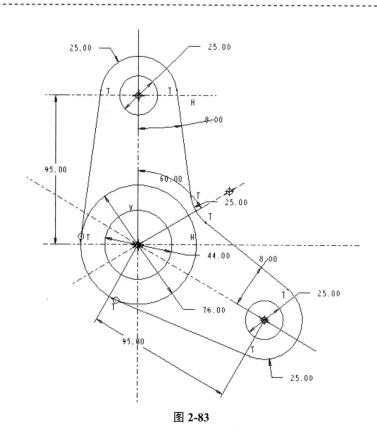

图 2-83

基 准 特 征

在 Creo 中，基准特征（又称辅助特征）是创建三维模型的参考和定位，在建模过程中，均需要基准定位图元在空间中的位置。基准特征包括基准平面、基准轴、基准点、基准曲线、基准坐标等，其中每种类型都是独立的个体，但相互之间又紧密联系。由于本章练习过程中多涉及三维实体，可先学习第 4 章拉伸特征的创建，再继续学习本章。

3.1 基准平面特征

3.1.1 基准平面简介

基准平面是程序或者用户定义的参照基准的平面，它既可以用作特征的草绘平面或视图的参照平面，也可以用作尺寸定位或约束参照，还可以作为特征的终止平面、镜像平面以及创建基准轴和基准点的参照使用。

作为三维建模过程中最常用的参照，基准平面可以有多种用途，主要包括以下几个方面。

1. 作为放置三维建模特征的平面

在零件建立过程中，可将基准平面作为参照用在没有合适基准平面的零件中。在没有其他合适的平面或曲面时，可以在新建立的基准平面上草绘或放置特征，如图 3-1 所示，图中的圆柱特征就是放置在重新建立的基准平面上。因为圆筒拉伸特征所需的基准面，已有特征平面和基准平面均不符合，因此只能建立一个新的基准平面来放置该特征。

2. 作为尺寸标注的参照

可以根据一个基准平面进行标注。而且在标注某一尺寸时，如果既可以选择零件上的面，也可以选择原先建立的任意一个基准面，则最好选择基准面，可以避免产生不需要的特征父子关系。例如图 3-2 中建立的两个圆柱体，尺寸参考便是圆柱体圆心与基准面之间的距离，通过修改尺寸，便可修改圆柱的位置，同时也不会对其他特征造成影响。

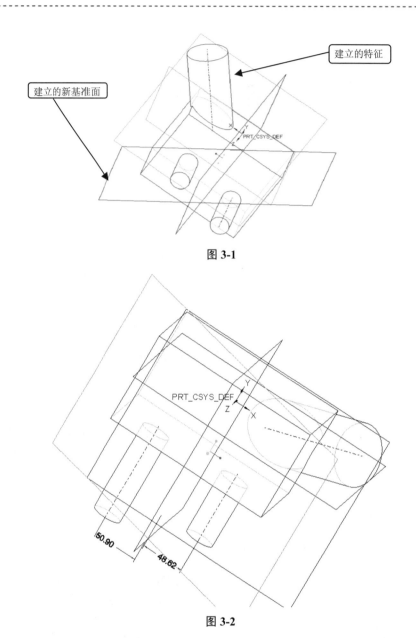

图 3-1

图 3-2

3．作为视角方向的参考

建立三维模型时，必须存在两个相互垂直的平面，而有时特征和系统默认的基准平面中没有合适的垂直平面，就需要创建新的基准面作为建模的参考平面。

4．作为定义装配零件的参考面

在定义装配件时，需要多种零件相互配合构成组件，而装配时利用的配合模式多需要使用平面进行对接，但是有时可能没有合适的零件平面，这时便可以将基准面作为其参考依据构建组件。

5．放置注释

可将基准平面用作参照，以放置设置基准。如果不存在基准平面，则选取与基准标签注释相关的平面/曲面会自动创建内部基准平面。设置的基准标签将被放置在参照基准平面或与基准平面相关的共面曲面上。

6．产生剖视图

在二维制图中，为表达清楚对复杂零件的内部形态，一般选用剖视图来观察。这时就需要选用一个合适的参考基准面，对零件进行剖切。

3.1.2　基准平面创建的方法与步骤

从数学上理解，不共线的三点即可构成平面，故形成平面的条件中至少有三点不共线。

1．创建基准平面的步骤

（1）根据使用需求确定要创建的基准平面。首先进入三维建模模块进行学习，见图 3-3。

（2）单击特征工具栏中的"基准平面"命令 ▱ ，根据弹出的对话框分别设置相应的 3 个选项卡（见图 3-4，一般将"放置"选项卡设置好就可以了）。

图 3-3

图 3-4

（3）设置好参数之后单击"确定"按钮，即可以完成基准平面的创建。

2．创建基准平面的方法

（1）通过不共线的三点创建平面，具体创建方法见图 3-5 和图 3-6。

① 打开如图 3-4 所示，选择放置，按住 Ctrl 键（不松开），用鼠标单击不共线三点，会形成新的平面，如图 3-6 所示。

② 完成后，单击图 3-6 中的"确定"按钮即可。

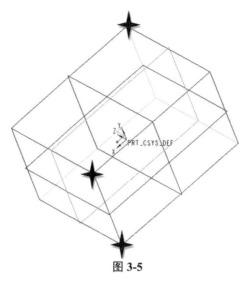

图 3-5

图 3-6

注意：选择三点时，首先保证三点不共线，然后按住 Ctrl 键选择三点，单击"确定"按钮即可完成基准平面的创建。

（2）通过直线和直线外一点创建平面，具体创建方法见图 3-7。

① 打开如图 3-4 所示，选择放置，按住 Ctrl 键（不松开），用鼠标单击边和点，会形成新的平面，如图 3-7 所示。

② 完成后单击图 3-7 中的"确定"按钮即可。

注意：选择点和直线时同时按住 Ctrl 键，单击"确定"按钮即可完成基准平面的创建。当选择直线时，单击"穿过"旁边的下三角，显示法向和中间平面，读者可以体会其中的区别。

（3）通过两直线创建平面，具体创建方法见图 3-8 和图 3-9。

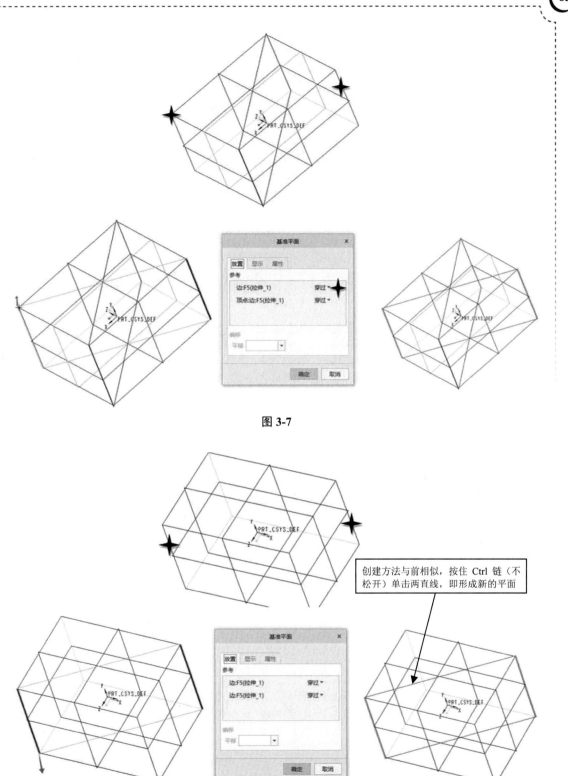

图 3-7

创建方法与前相似,按住 Ctrl 链(不松开)单击两直线,即形成新的平面

图 3-8

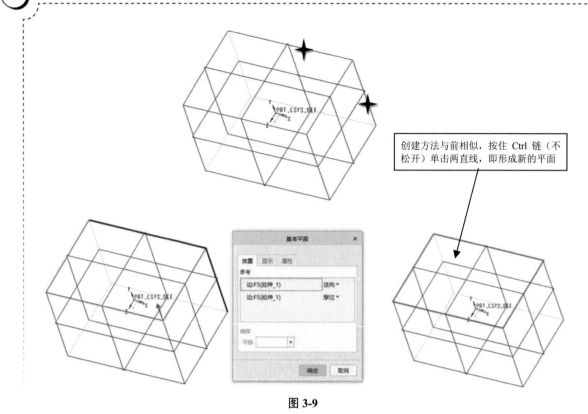

图 3-9

注意：在选取边线时，需要关注图 3-10 中 "穿过" "法向" "中间平面" 的不同。

图 3-10

补充：中间平面的使用。

① 选取两平面，见图 3-11。

② 选取线和平面，见图 3-12。

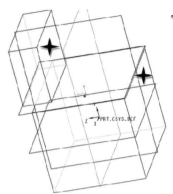

具体创作方法，与前相似，此处不再赘述

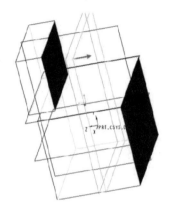  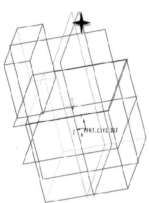

图 3-11

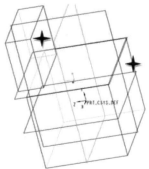

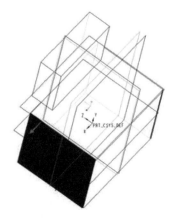  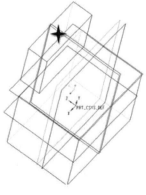

图 3-12

注意：在选择中间平面时，两平面、平面与直线、两直线（其中选择一种约束为中间平面）均可利用相关约束创建不同的平面，读者可进行对比。选择点取时，同样要使用 Ctrl 键。

（4）通过偏移面创建平面，具体创建方法见图 3-13。

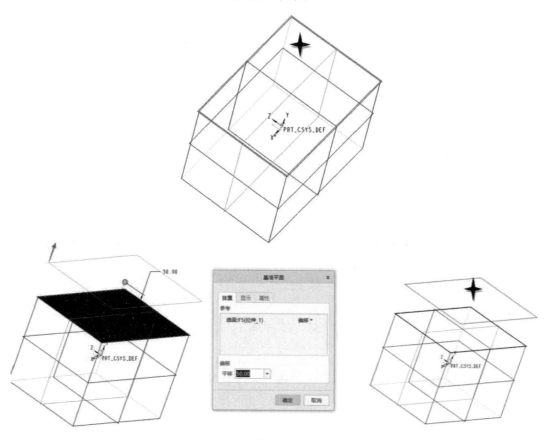

图 3-13

注意：在使用面时，选择约束后，可以看到出现"穿过""偏移""平行""法向""中间平面"（见图 3-14），其每种约束的意义与字面意思相同，读者可以尝试建立新的基准面。

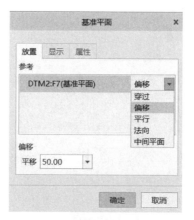

图 3-14

总之，创建基准平面的方法很多，可根据需求结合约束条件进行创建，关键是多多练习，找出其中的规律，无外乎不共线三点、点线、线线、角度平面、偏移平面、中间平面、法向平面等几种特征和多种约束构成所需用的平面。

3.2　基准轴特征

3.2.1　基准轴简介

基准轴主要适用于创建特征的参照，特别是在创建孔、轴阵列及在组件装配时，涉及圆柱类零件需要对齐装配时是重要的辅助基准特征。创建了圆柱或者圆孔特征的部位系统会自动创建基准轴，因为轴也是直线的一种表现形式，故两点便可构成轴。

3.2.2　创建基准轴

选择特征工具栏中的"基准平面"命令 ⚡，在选项卡中选择两点、两相交面、线等即可，具体如下。

（1）通过两点创建基准轴，具体创建方法见图 3-15。

① 打开基准轴创建对话框。

② 选择放置。

③ 按住 Ctrl 键（不松开）用鼠标单击两点即可形成新轴。

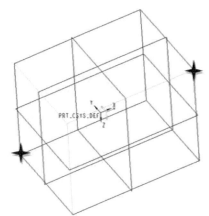

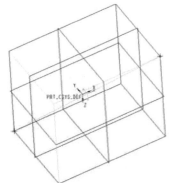

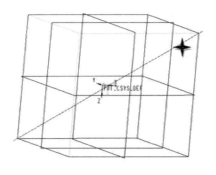

图 3-15

（2）通过两个相交平面创建基准轴，具体创建方法见图 3-16。

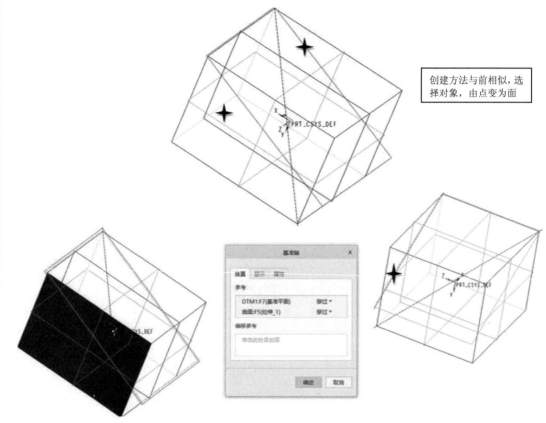

图 3-16

（3）通过点、面构成轴，具体创建方法见图 3-17。

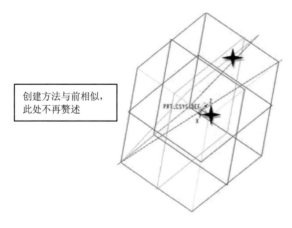

图 3-17

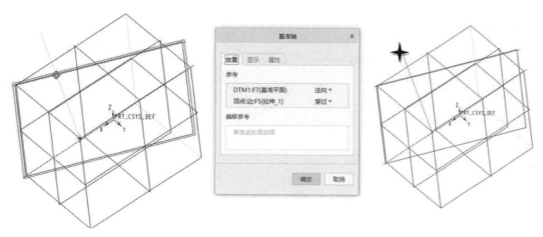

图 3-17　（续）

（4）通过圆柱形曲面创建轴线。

当选择圆柱形曲面时，约束中会显示"法向""穿过""平行"（见图 3-18），可以依据约束要求添加其他约束特征（穿过约束，不需要再选，其与圆柱形曲面的轴线相重合）。

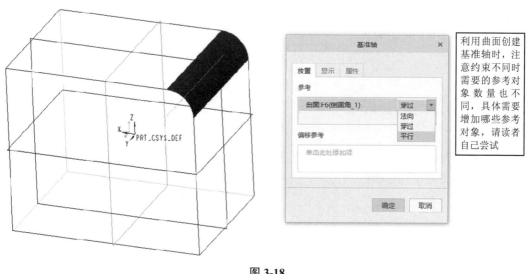

图 3-18

3.3　基准点特征

主要用来进行空间的定位，以及辅助创建其他基准特征，线、面均由点构成，故点必定在线上或面上。在线上确立点的位置通过尺寸或两线相交；在面上确定点的位置通过坐标尺寸或面上两线相交。

3.3.1　创建基准点

选择"基准点"命令 ⁑ 创建基准点。创建基准点的方法如下。

（1）在曲线或边线上创建基准点，具体创建方法见图 3-19。通过修改偏移比率或实际值确定点的位置。

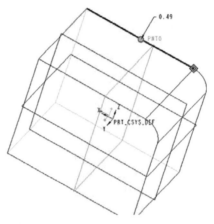

图 3-19

（2）在圆弧的中心创建基准点，约束选用"居中"，所创建的点便是圆弧圆心所在的位置，具体创建方法见图 3-20。

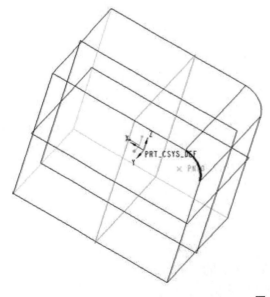

图 3-20

（3）在平面或曲面上创建点，见图 3-21（通过偏移参考定义距离确定点的位置与定义坐标位置无异，其他面上点定义位置类似）。

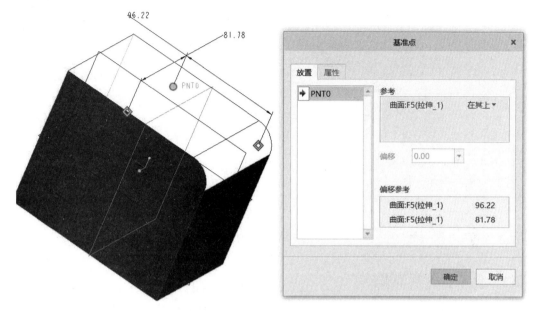

图 3-21

（4）在线和面的相交处创建基准点，具体创建方法见图 3-22 和图 3-23。

线与面（图 3-22）相交、线与线（图 3-23）相交均可形成所需要的点。

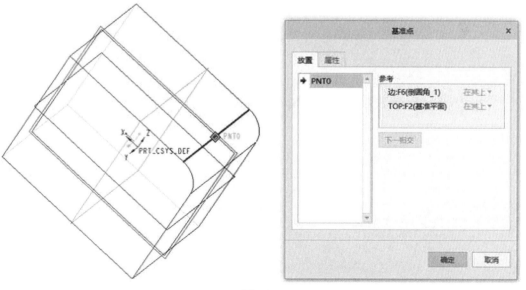

图 3-22

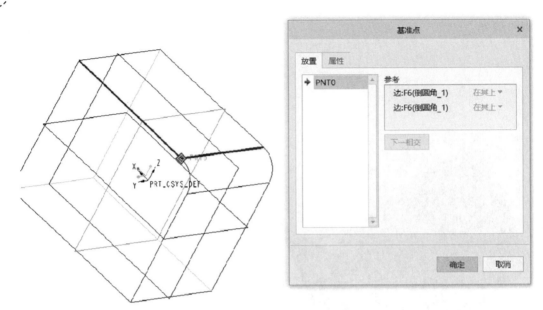

图 3-23

3.3.2 偏移坐标系基准点

在创建某些特征、装配、运动仿真等时需要建立新的坐标系，可利用 _⚹ 偏移坐标系 ，创建新坐标系基准点。

创建偏移坐标系时，首先选择参考坐标系，然后定义坐标系类别进行偏移，即可得到新的坐标系基准点，见图 3-24。

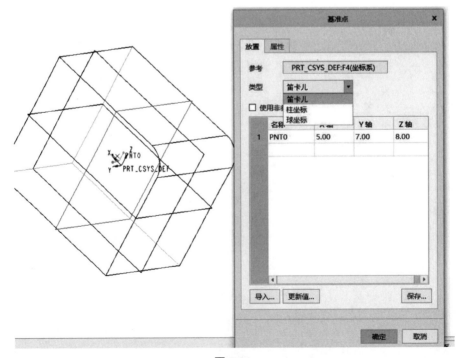

图 3-24

3.4　基准曲线特征

在 Creo 6.0 中基准曲线既可以用作创建扫描、混合、扫描混合等特征的轨迹路径或界面轮廓，也可以用于构建基准轴、基准平面或者其他外形曲面。

3.4.1　创建基准曲线

基准曲线也是三维建模中使用较多的一种基准特征，常常被用作扫描实体特征时的辅助轨迹线，特别是在三维空间。创建基准曲线的方式主要有两种，一种用于三维空间基准曲线，另一种用于在某一平面内草绘基准曲线。

创建基准曲线有 3 种途径：通过点的曲线、来自方程的曲线和来自横截面的曲线，见图 3-25。

图 3-25

具体创建方法如下。

首先单击 ～，然后选择创建曲线的具体方式。

（1）通过点的曲线（前提条件是系统内已经存在所需要的点，如无，需要提前创建），见图 3-26。

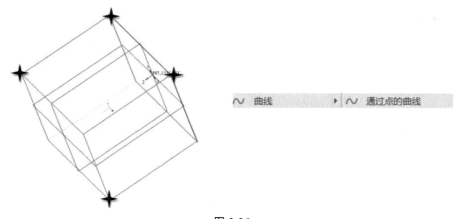

图 3-26

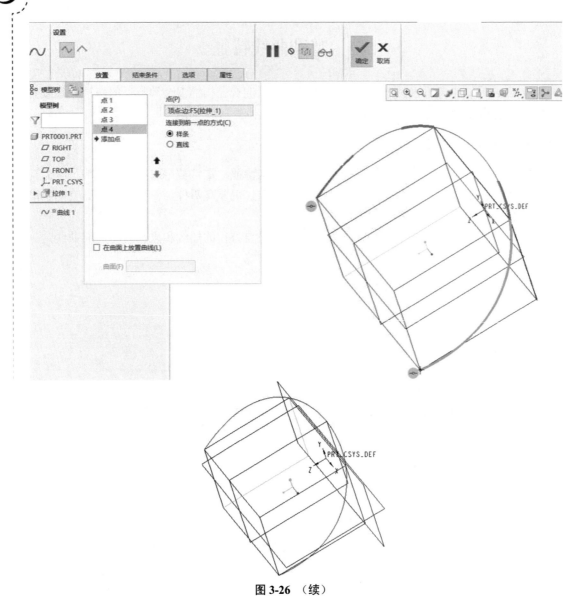

图 3-26 （续）

注意：选择点时，按照前后顺序单击即可，不同顺序所形成的曲线千差万别，选择完成后确认即可。本例选用立方体的顶点作为选用点，如无合适点选用，可利用基准点创建新的点。

（2）来自方程的曲线，见图 3-27。

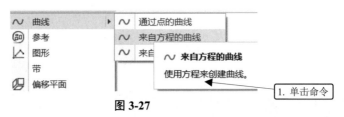

图 3-27

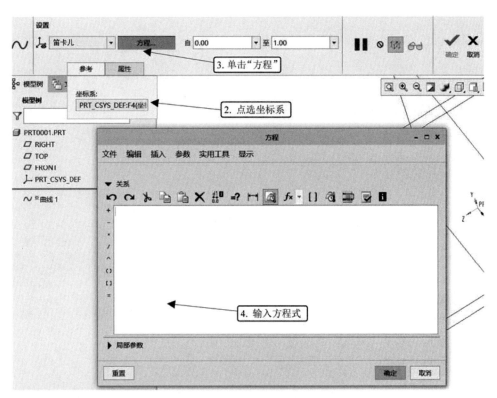

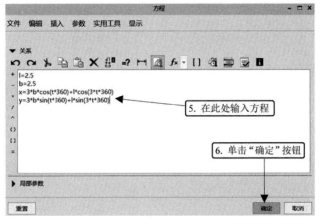

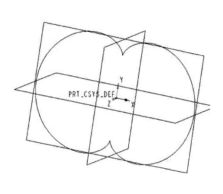

图 3-27　（续）

注意：输入方程式后确定时，可能会出现错误，根据提示修改，与各类编程语言出现错误并无大的区别。

Creo 曲线部分常见方程式如下。

① 碟形曲线。

柱坐标方程：

r=5

theta=t*3600

z=(sin(3.5*theta-90))+24*t

② 叶形线。

笛卡儿坐标方程：

a=10

x=3*a*t/(1+(t^3))

y=3*a*(t^2)/(1+(t^3))

③ 锥形螺旋线。

柱坐标方程：r=t

theta=10+t*(20*360)

z=t*3

④ 蝴蝶曲线。

球坐标方程：

rho=8*t

theta=360*t*4

phi=-360*t*8

⑤ 螺旋线。

笛卡儿坐标方程：

x=4*cos(t*(5*360))

y=4*sin(t*(5*360))

z=10*t

⑥ 对数曲线。

笛卡儿坐标方程：

z=0

x=10*t

y=log(10*t+0.0001)

⑦ 球面螺旋线。

球坐标方程：

rho=4

theta=t*180

phi=t*360*20

⑧ 双弧外摆线。

笛卡儿坐标方程：

l=2.5

b=2.5

x=3*b*cos(t*360)+l*cos(3*t*360)

y=3*b*sin(t*360)+l*sin(3*t*360)

⑨ 星形线（四尖瓣线）。

笛卡儿坐标方程：

a=5

x=a*(cos(t*360))^3

y=a*(sin(t*360))^3

⑩ 心脏线。

柱坐标方程：

a=10

theta=t*360

r=a*(1+cos(theta))

y=(a+b)*sin(theta)-b*sin((a/b+1)*theta)z=0

（3）通过横截面的创建方法见图 3-28。

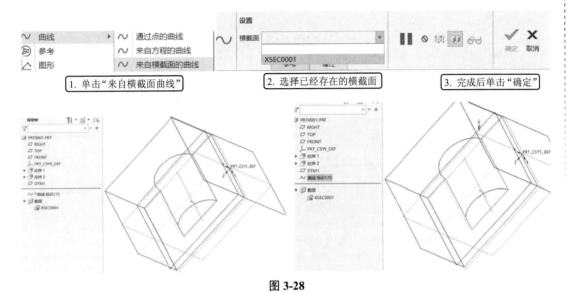

图 3-28

注意：使用截面创建曲线时，必须存在截面，方便选择。

3.4.2 草图绘制基准曲线

草图绘制基准曲线是在草绘环境中利用各种草绘工具绘制的各类线段类型，最后形成的曲线根据使用要求，确定是否封闭。选择"草绘"命令 ～ 创建草绘曲线，具体创建方法见图 3-29。

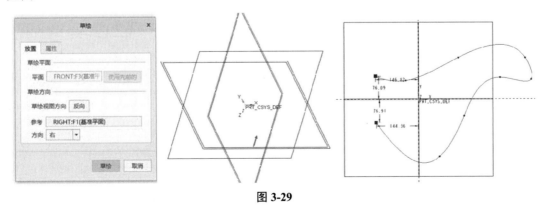

图 3-29

注意：草绘基准曲线与第 2 章讲到的草绘图元方式相同，都必须选择草绘平面，在草绘平面上进行绘制，绘制完成后确认。草绘时，为方便草绘确认方向，最好摆正草绘平面，见图 3-30。

单击此项

草绘视图
定向草绘平面使其与屏幕平行。

图 3-30

3.5 基准坐标系特征

3.5.1 坐标系的种类

在 Creo 6.0 中，基准坐标系包括笛卡儿、圆柱和球坐标三种类型，坐标系一般由一个原点和三个坐标轴构成，并且三个坐标轴之间遵守右手定则，只需要确定两个坐标轴就可以自动推断出第三个坐标轴。在常规的三维模型设计中，使用系统默认的笛卡儿坐标系就可以了，不需要重新创建。

3.5.2 创建坐标系

单击 人坐标系 创建基准坐标系。坐标系的创建方法如下。

（1）通过三平面创建基准坐标系，具体创建方法见图 3-31。

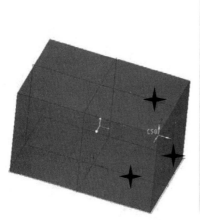
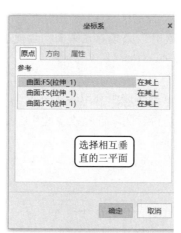

图 3-31

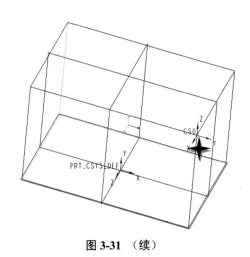

图 3-31 （续）

（2）通过一点两轴创建基准坐标系，具体创建方法见图 3-32。

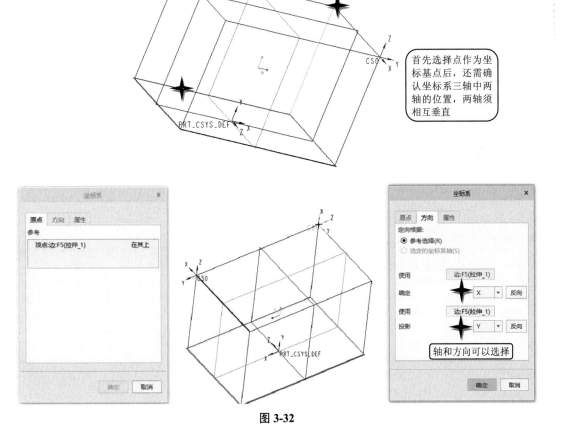

首先选择点作为坐标基点后，还需确认坐标系三轴中两轴的位置，两轴须相互垂直

图 3-32

（3）通过两边/轴创建基准坐标系,具体创建方法见图 3-33。

注意：选择两边时，两边必须相互垂直，具体两边各确定哪个轴、轴向，可以从"方向"选项卡中进行选择。

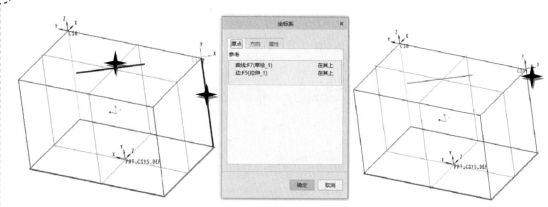

图 3-33

特 征 建 模

4.1 实体建模的一般步骤

新建一个实体建模文件，单击"文件"|"新建"命令弹出对话框，见图4-1。

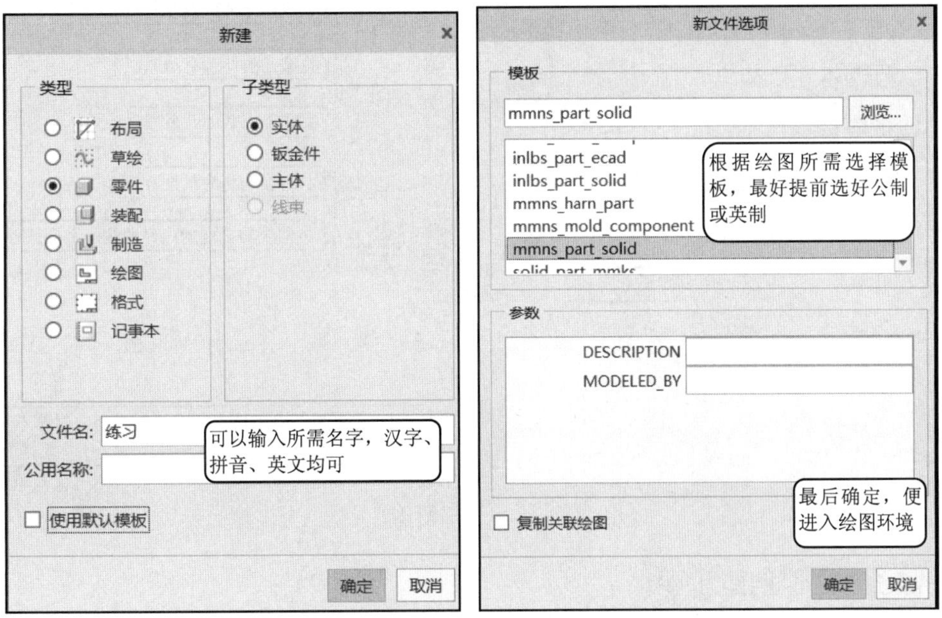

图 4-1

4.2 拉 伸 特 征

拉伸 ▣ 是定义三维几何的一种基本方法，它是将二维截面延着草绘平面的法向方向一定距离，形成实体。可使用"拉伸"工具作为创建实体或曲面以及添加或移除材料的基本。如果要建立实体特征（非曲面、壳体），在拉伸特征过程中需要关注草绘截面，截面轨迹必须闭合。

拉伸控制面板的详细介绍见图4-2。

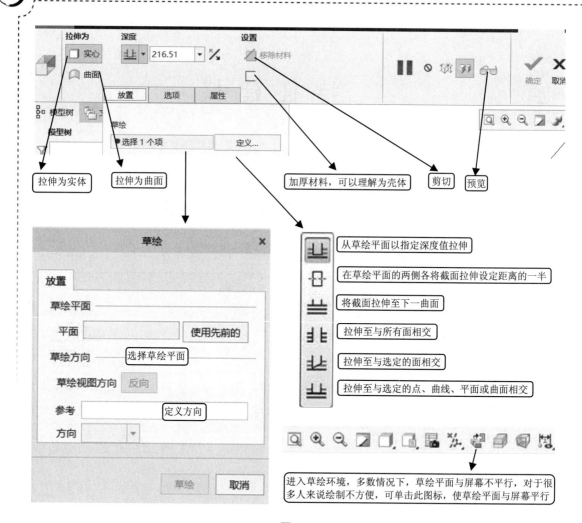

图 4-2

4.2.1 拉伸创建步骤

选择"拉伸"命令 创建拉伸特征，具体创建步骤见图 4-3。

图 4-3

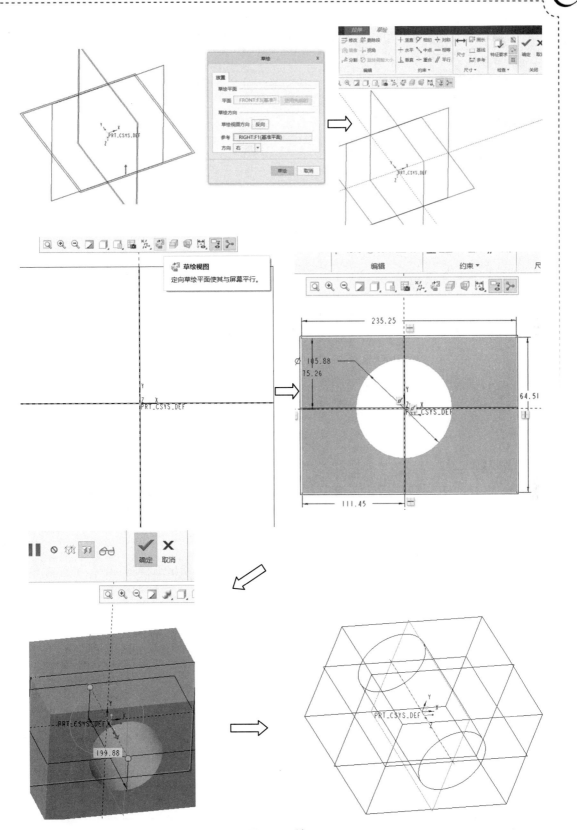

图 4-3　（续）

注意：在拉伸为实体中，截面必须完整，这是影响拉伸能否成功的关键因素。在截面完整的含义中，可以总结成三句话：

（1）绘制实体，截面必须封闭。

（2）可以环环相扣，但不允许相交。

（3）截面线条不能有重合。

4.2.2　实例——拉伸体的创建

根据本章所学，绘制图 4-4。

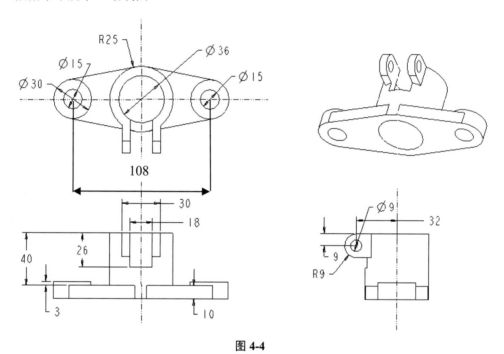

图 4-4

本实例主要运用拉伸、切除命令，然后根据所画的实体绘出工程图。

绘图步骤如图 4-5～图 4-7 所示。

单击 进入拉伸截面绘图。

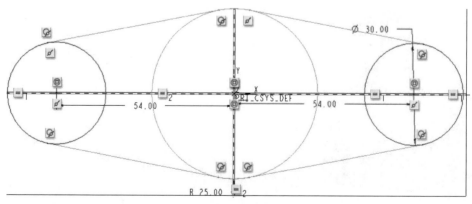

图 4-5

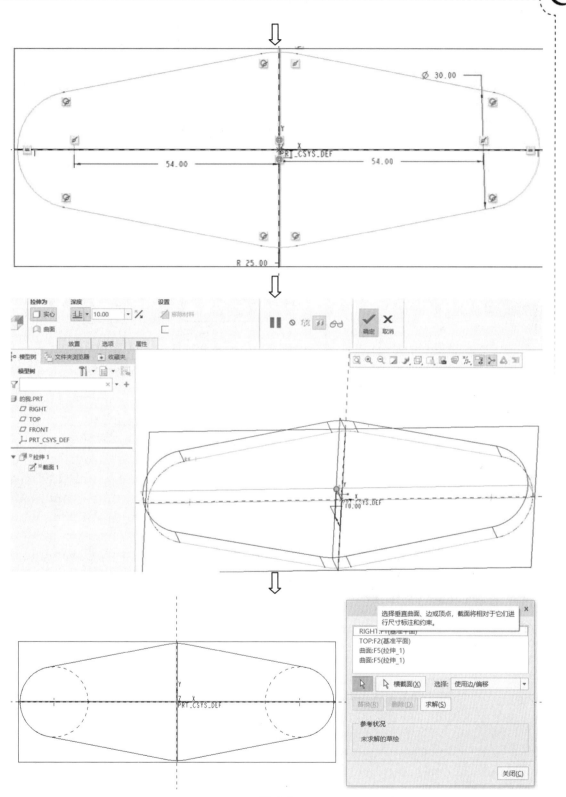

图 4-6

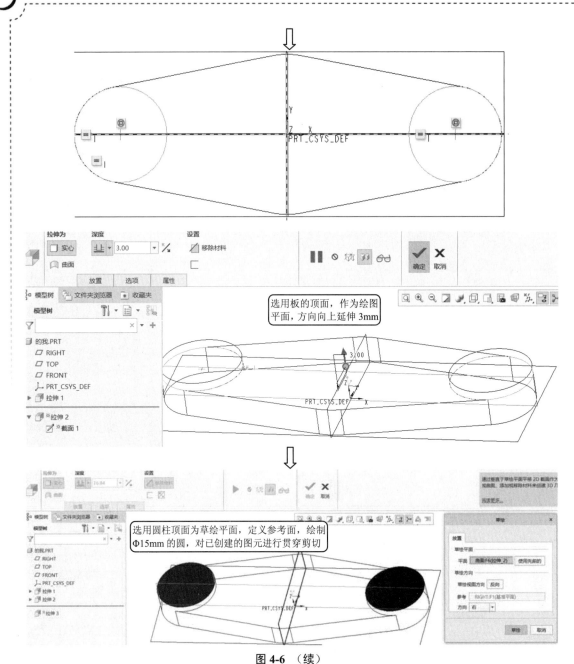

图 4-6 （续）

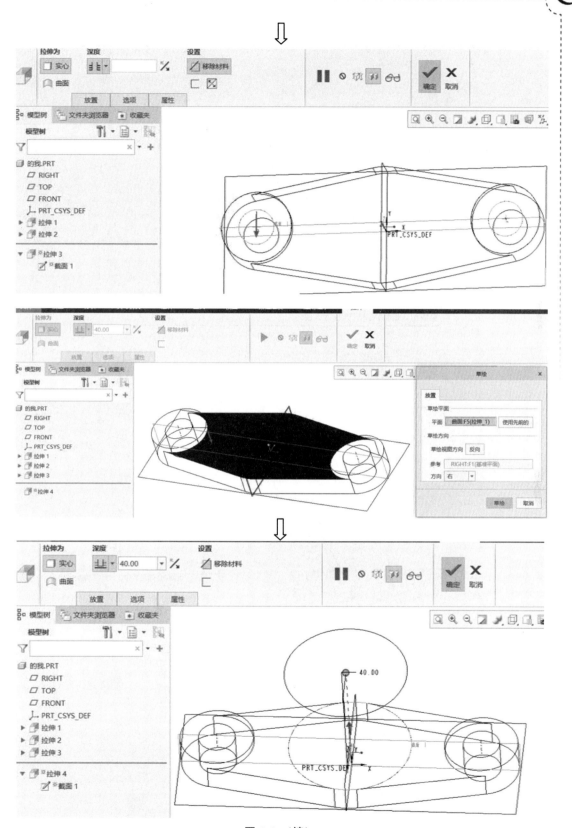

图 4-6 （续）

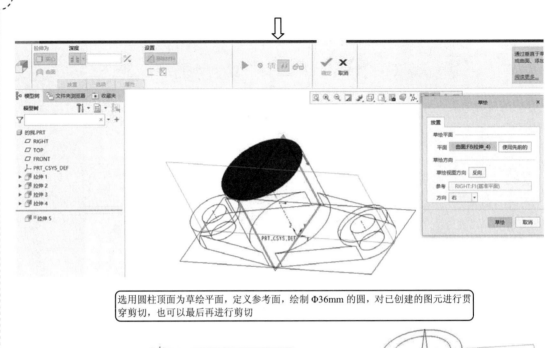

选用圆柱顶面为草绘平面，定义参考面，绘制 Φ36mm 的圆，对已创建的图元进行贯穿剪切，也可以最后再进行剪切

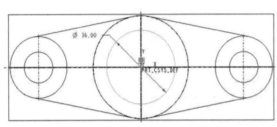

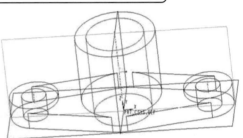

创建新的基准面，方便添加新的图元

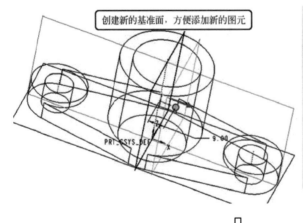

图 4-6 （续）

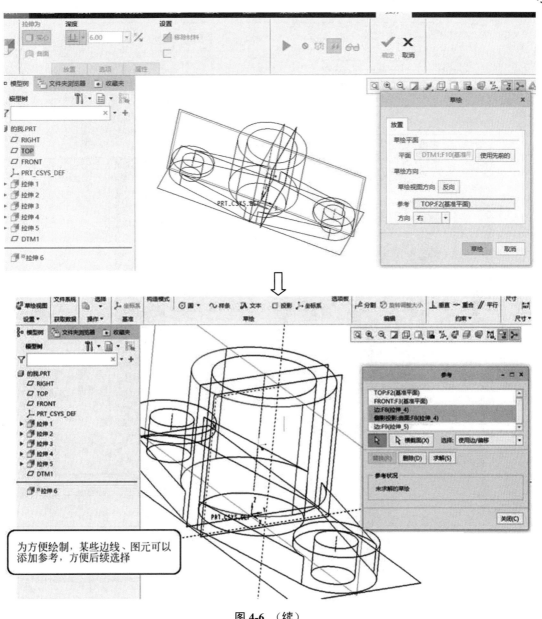

为方便绘制，某些边线、图元可以添加参考，方便后续选择

图 4-6　（续）

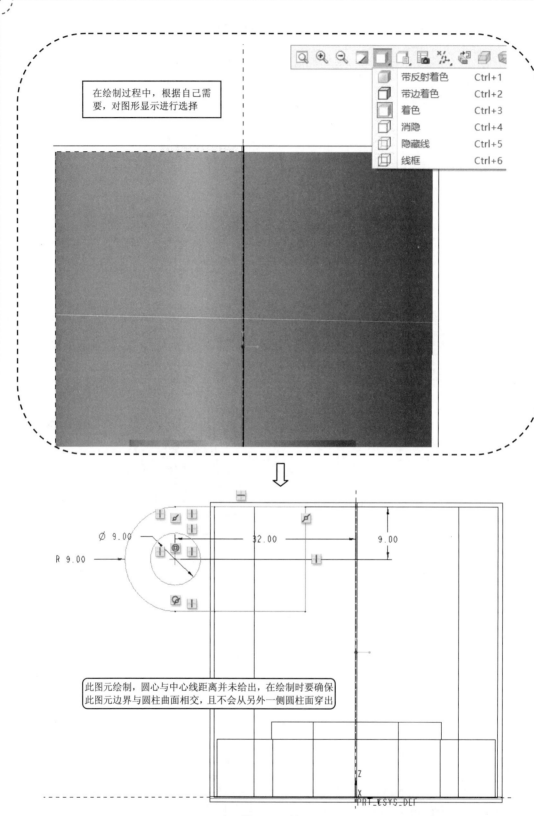

图 4-6 （续）

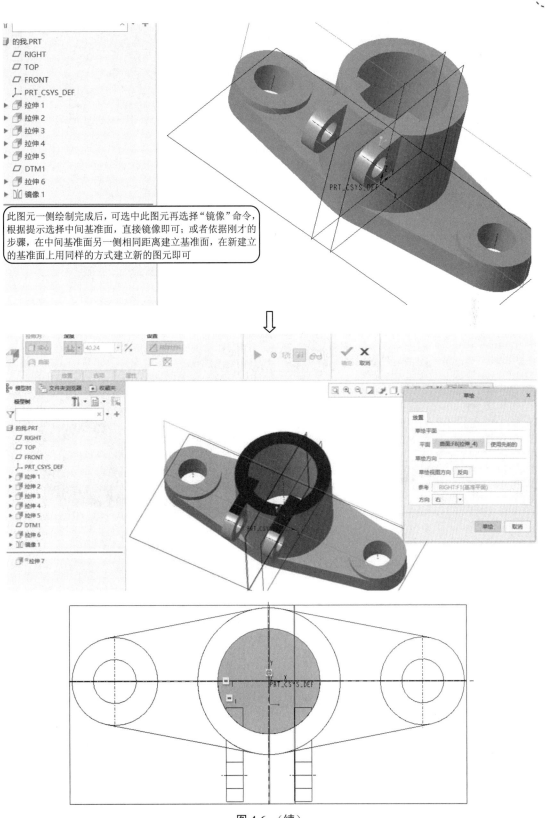

此图元一侧绘制完成后，可选中此图元再选择"镜像"命令，根据提示选择中间基准面，直接镜像即可；或者依据刚才的步骤，在中间基准面另一侧相同距离建立基准面，在新建立的基准面上用同样的方式建立新的图元即可

图 4-6　（续）

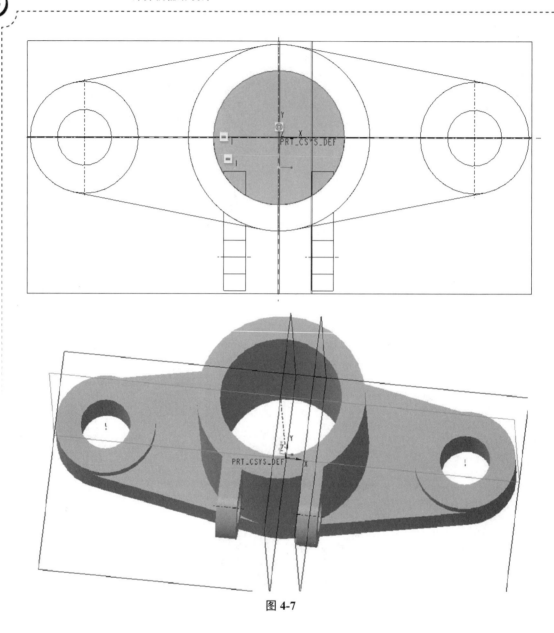

图 4-7

4.3　旋　转　特　征

4.3.1　旋转的种类

　　旋转特征是草绘截面围绕一条中心线旋转生成的特征，该工具主要用于生成回转体模型特征，如盘类、端盖、齿轮类零件。同拉伸特征一样，利用"旋转"工具也可以创建出实体、曲面、薄壁及去除材料几种类型的特征。

　　旋转控制面板见图 4-8。

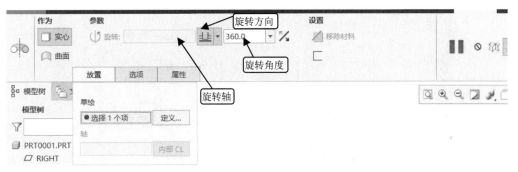

图 4-8

旋转方向的其他表现形式如下。

从草绘平面以指定的角度值旋转

在草绘平面的两个方向上以指定角度值的一半向草绘平面的两侧旋转

旋转值选定的点、平面或曲面

4.3.2　旋转创建的步骤

选择"旋转"命令 旋转 创建旋转实体。注意：旋转需要绘制一条中心轴线，具体步骤见图 4-9。

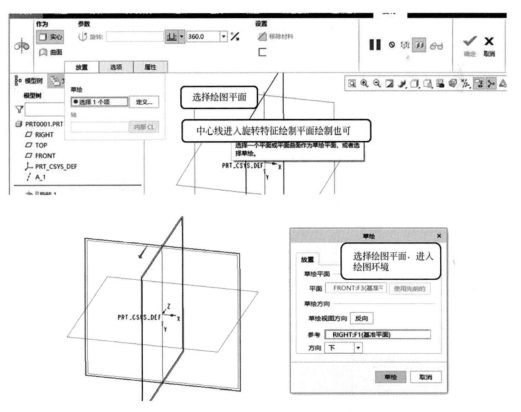

图 4-9

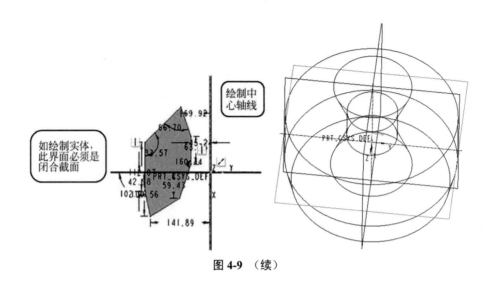

图 4-9 （续）

注意：在旋转为实体中，截面必须完整，须有中心轴线，且截面在中心轴线一侧，这是影响旋转能否成功的关键因素。在截面完整的含义中，可以总结成 4 句话：

（1）绘制实体，截面必须封闭。

（2）可以环环相扣，但不允许相交。

（3）截面线条不能有重合。

（4）须有中心轴线，且截面在中心轴心一侧。

4.3.2　实例——旋转体的创建

根据本章所学，绘制图 4-10。

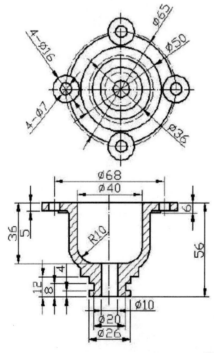

图 4-10

本实例主要运用旋转、拉伸、切除命令，然后根据所画的实体绘出工程图。

绘图步骤见图 4-11。

单击 ⬥ 旋转 进入旋转绘图环境。

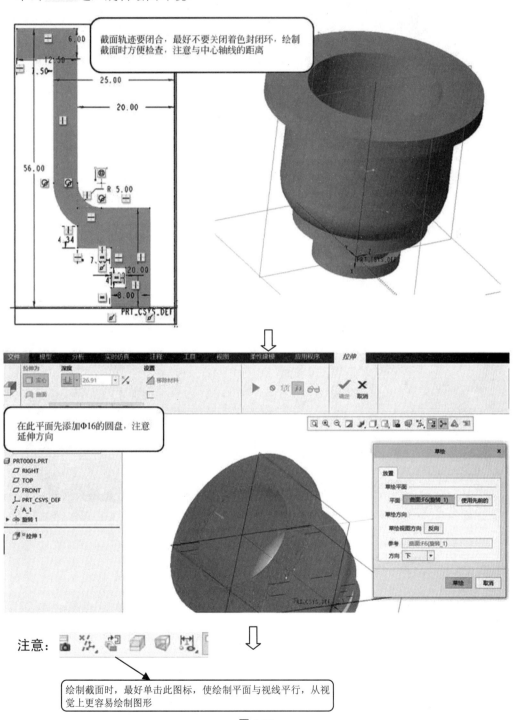

图 4-11

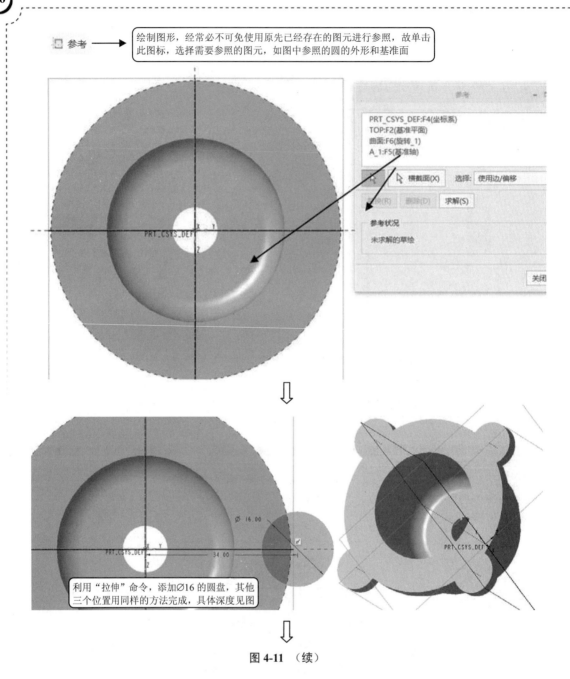

图 4-11 （续）

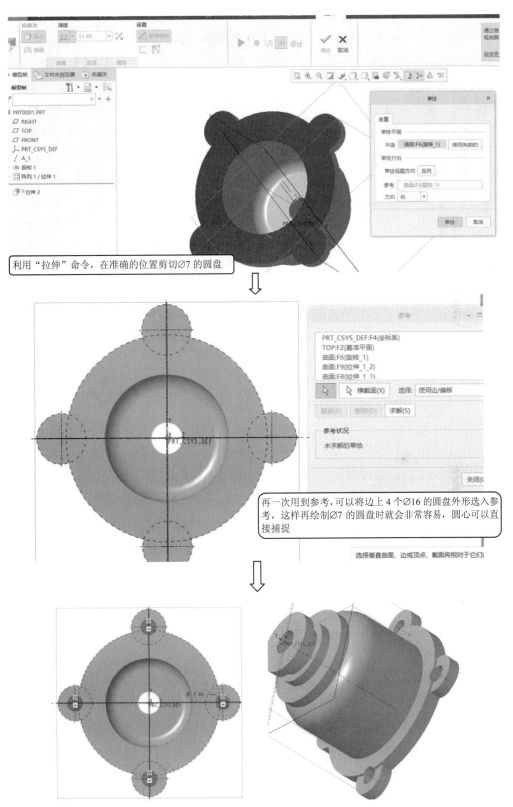

利用"拉伸"命令，在准确的位置剪切∅7 的圆盘

再一次用到参考，可以将边上 4 个∅16 的圆盘外形选入参考，这样再绘制∅7 的圆盘时就会非常容易，圆心可以直接捕捉

图 4-11　（续）

4.4 扫 描 特 征

扫描特征可以创建实体或曲面特征。可在沿一个或多个选定轨迹扫描截面时通过控制截面的方向、旋转和几何来添加或移除材料。可使用恒定截面或可变截面创建扫描。扫描工具的主元件是截面轨迹。草绘截面定位于附加至原点轨迹的框架上，并沿轨迹长度方向移动以创建几何。原点轨迹以及其他轨迹和其他参考（如平面、轴、边或坐标系的轴）定义截面沿扫描的方向。创建扫描时，根据所选轨迹数量，扫描截面类型会自动设置为恒定或可变。单一轨迹设置为恒定扫描，多个轨迹设置为可变截面扫描。

创建扫描特征时，需注意以下几点。

（1）轨迹线不能自交。

（2）相对于扫描截面的，扫描轨迹线中的弧或样条曲线的半径不能太小。

4.4.1 扫描特征创建的方法

扫描特征分类较多，下面就以开放轨迹为例绘制图形。单击 💬 扫描 创建扫描特征，详见图 4-12 和图 4-13。

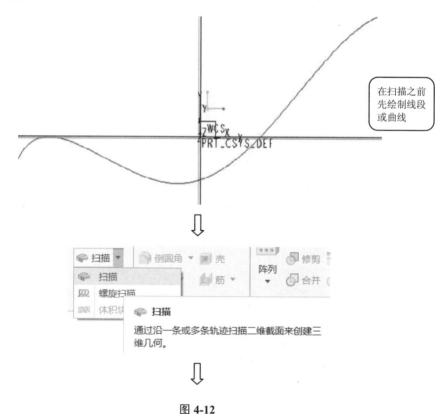

图 4-12

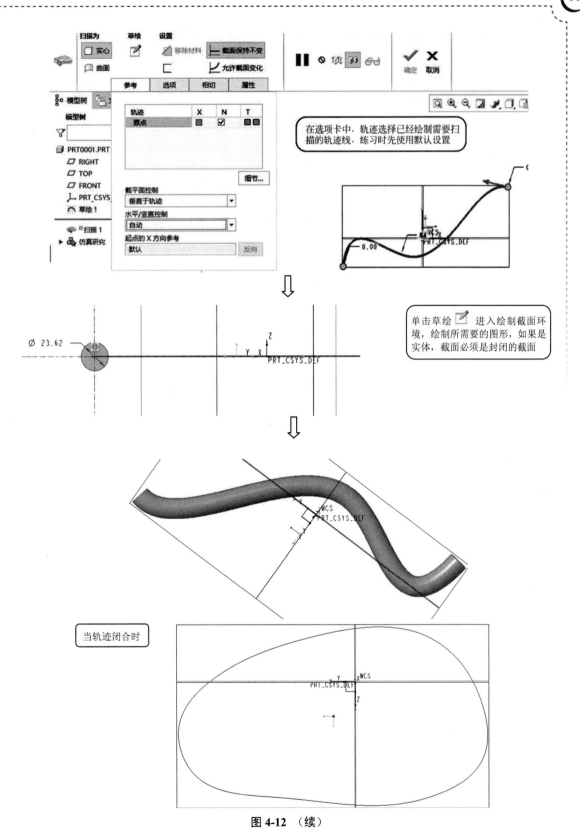

图 4-12 （续）

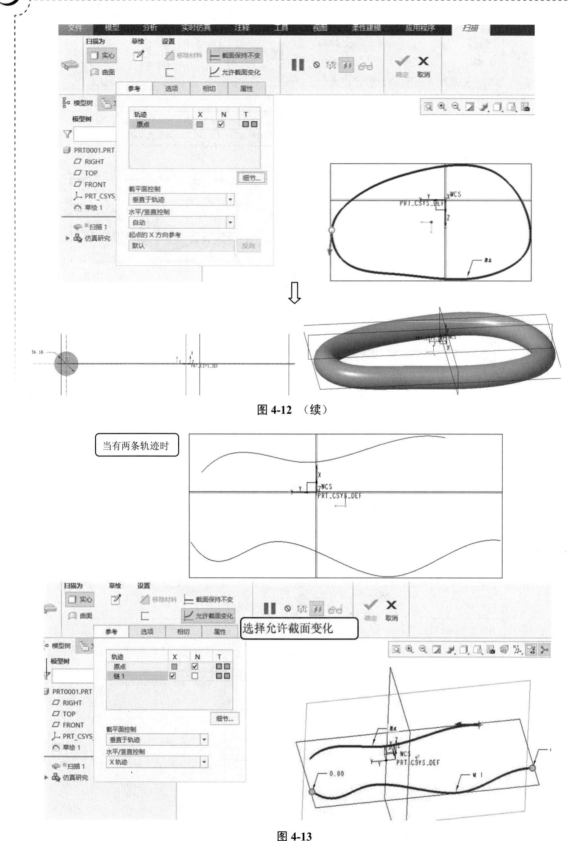

图 4-12 （续）

图 4-13

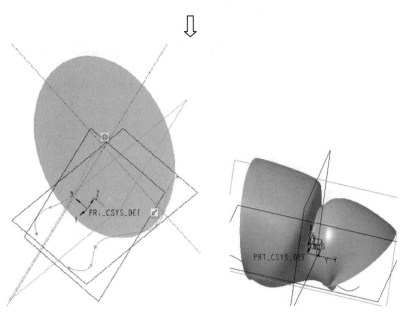

图 4-13 （续）

4.4.2 实例——钩子实体的绘制

钩子实体的绘制利用允许截面变化将钩子草绘变成钩子实体。具体绘制方法见图 4-14。

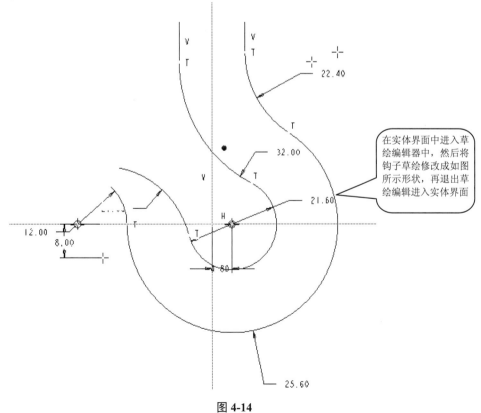

> 在实体界面中进入草绘编辑器中，然后将钩子草绘修改成如图所示形状，再退出草绘编辑进入实体界面

图 4-14

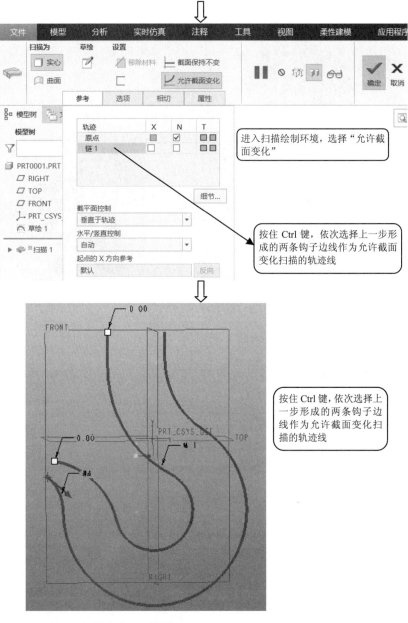

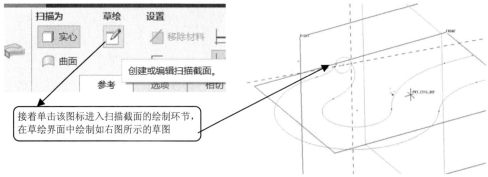

图 4-14 （续）

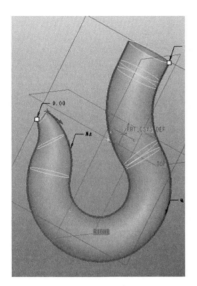
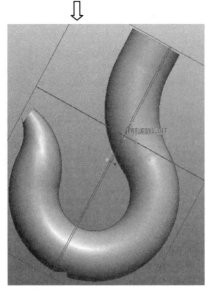

确认后退出草绘编辑器，得到如图所示钩子实体形状，再单击鼠标中键或者可变剖面扫描命令处的对勾完成钩子实体的创建

最终效果图如图所示。读者可自己将上部圆柱体部分运用拉伸命令创建出来。
注意：钩子实体的创建还包括钩端部分的绘制，钩端的绘制需用到边界扫描命令，本书后面会介绍此命令

图 4-14 （续）

4.5 混 合 特 征

混合特征至少由一系列的两个或多个平面截面组成，这些平面截面在其顶点处用过渡曲面连接形成一个连续特征。各截面的线段数目必须相等，各截面都有一个混合起点，且其起始方向都可更改，起点也可更改（注意：混合起点方向、更改起点对后面图形的影响）。

4.5.1 混合特征分类

混合特征 🔗 混合 由多个截面按照一定的顺序相连构成，根据建模时各截面间的相对位置关系，可以将混合特征分为以下 3 类。

平行混合特征：将相互平行的多个截面连接成实体特征，见图 4-15。

可以提前创建平行平面，并在平行平面创建所需要的平面，也可以进入混合命令后再绘制

选择第一个截面后，单击"插入"按钮，再选择第二个截面，即可出现所需要的图形，注意看图元要相等，如果不相等办呢？第二个截面为点时除外

图 4-15

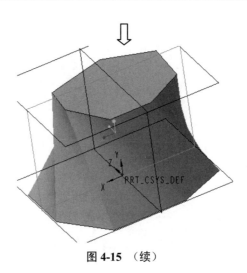

图 4-15 （续）

当使用草绘截面时，见图 4-16。

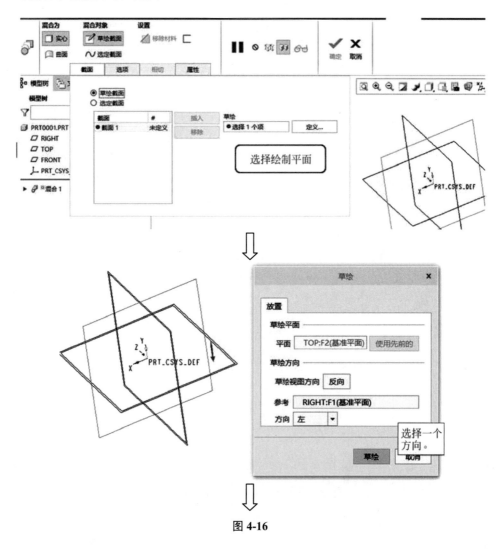

图 4-16

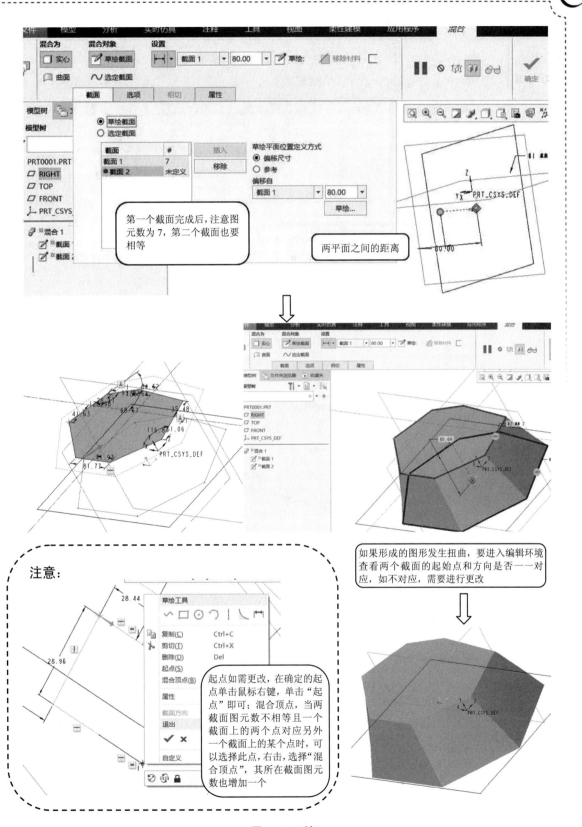

图 4-16　（续）

旋转混合特征：将相互并不平行的多个截面连接成实体特征，后一截面的位置由前一截面绕 Y 轴旋转指定角度来确定，见图 4-17。

单击 旋转混合 （最好提前绘制基准轴线）。

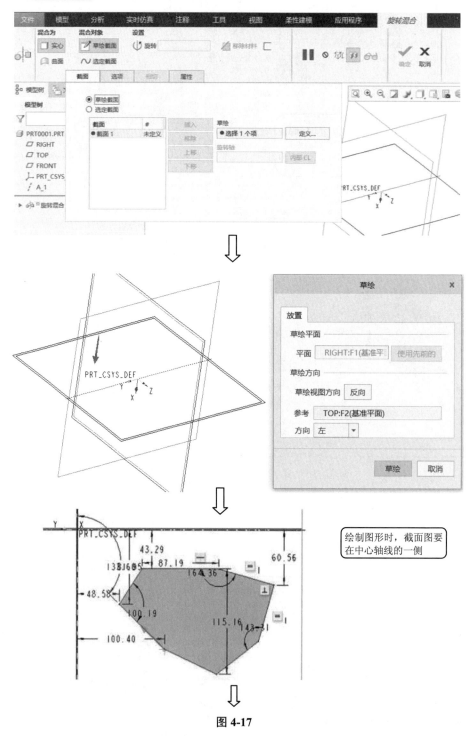

绘制图形时，截面图要在中心轴线的一侧

图 4-17

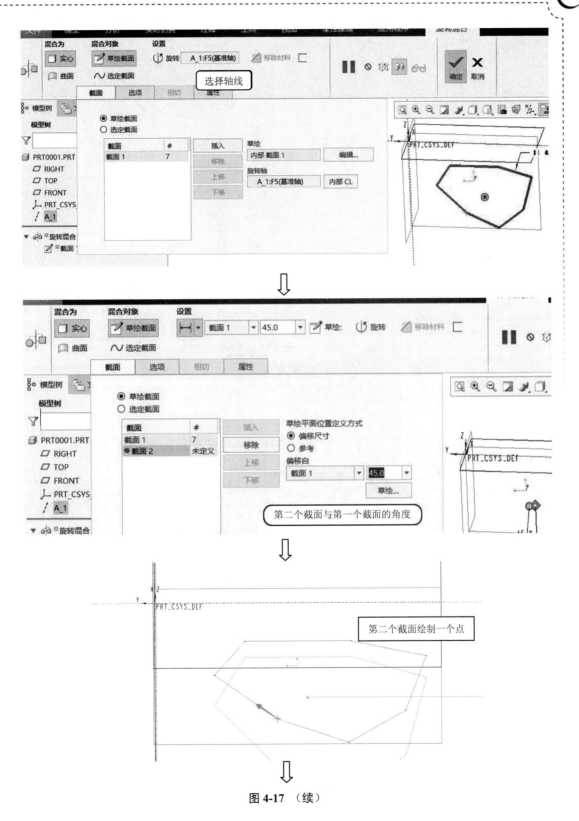

图 4-17 （续）

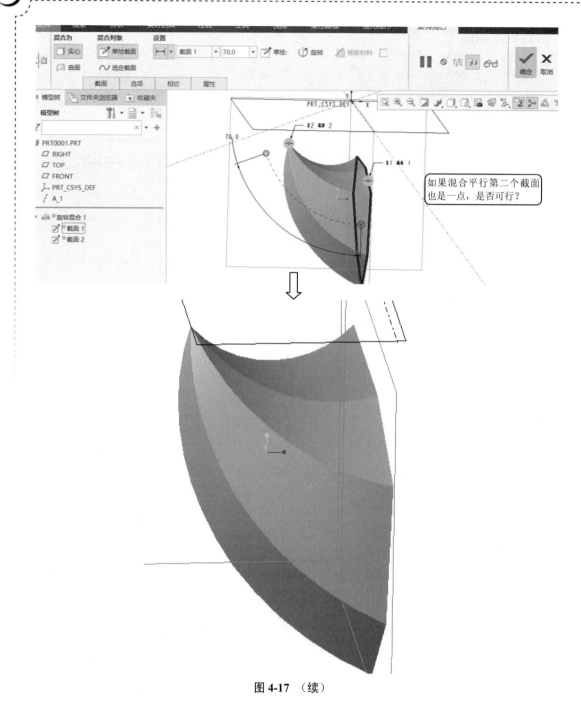

图 4-17 （续）

当两截面图元数不相等时，见图 4-18。

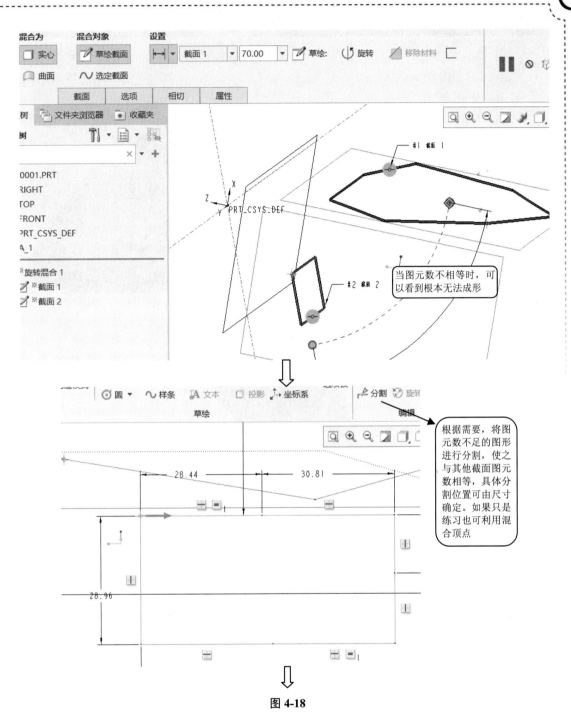

图 4-18

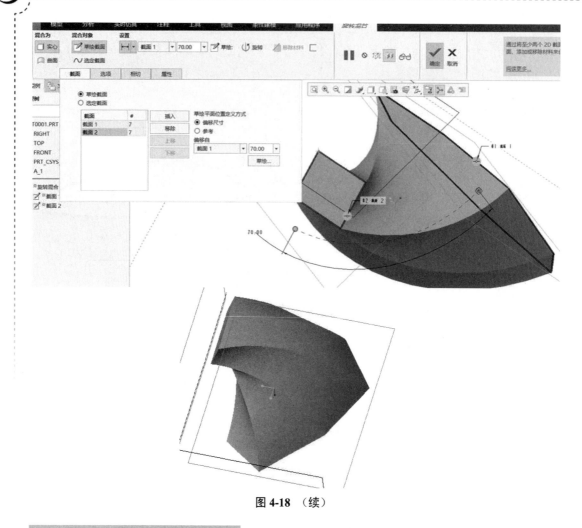

图 4-18 （续）

4.5.2 混合顶点的定义及使用

混合特征由多个截面连接而成，要求每个截面的顶点数必须相同。绘图中，如果创建混合特征所使用的截面不能满足顶点数相同的要求，可以使用混合顶点。混合顶点就是将该顶点和其他截面上的两个顶点相连，所在截面图元数增加一个或多个。

如图 4-19 所示的两个混合截面，分别为五边形和四边形，两截面图元数不等，因此在四边形上添加一个混合顶点，两图元数就会相等（图 4-20），所创建完成的混合特征如图 4-21 所示，同时可以发现，四边形上的混合顶点和五边形上的两个顶点相连。

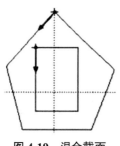

图 4-19 混合截面

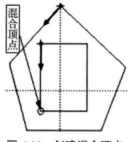

图 4-20 创建混合顶点

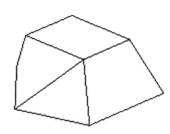

图 4-21 混合特征

创建混合顶点非常简单，在所选点上单击鼠标右键，即可出现选择菜单命令。

4.5.3　截断点

对于像圆形这样的截面，上面没有明显的顶点。如果需要与其他截面混合生成实体特征，必须在其中加入与其他截面数量相同的顶点。这些人工添加的顶点就是截断点。

如图 4-22 所示，两个截面分别是五边形和圆形。圆形没有明显的顶点，因此需要手动加入顶点。在草绘环境中创建截面时，使用 [分割] 按钮即可将一条曲线分为两段，中间加上顶点。图 4-23 中的圆形截面上，一共加入了 5 个截断点，最后完成的混合实体特征如图 4-23 所示。

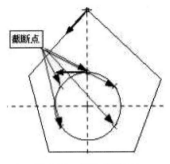

图 4-22　添加截断点

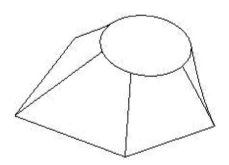

图 4-23　完成的混合实体特征

4.5.4　起始点

起始点是多个截面混合时的对齐参照点。每一个截面中都有一个起始点，起始点上用箭头标明方向，两个相邻截面间，起始点相连，其余各点按照箭头方向依次相连。

通常，系统自动取草绘时候所创建的第一个点作为起始点，而箭头所指方向由草绘截面中各边线的环绕方向所决定，如图 4-24 所示。

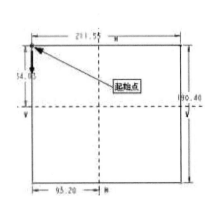

图 4-24　起始点及右键快捷菜单

　　如果用户对系统默认生成的起始点不满意，可以手动设置起始点，方法是：选中将要作为起始点的点后，单击鼠标右键，在弹出的快捷菜单中单击"起点"（图 4-24）。

　　如果截面为环形，用户还可以自定义箭头的指向，方法是：选中起始点后，右击，在弹出的快捷菜单中单击"起点"，箭头则会反向。

4.5.5　点截面

　　创建混合特征时，点可作为一种特殊的截面与各种截面混合，这时候点可以看作一个只有一个点的截面，称为点截面，如图 4-25 所示。点截面可以和相邻的所有顶点相连，构成混合特征，见图 4-26。在混合旋转中已经有所演示，其他类别也相同。

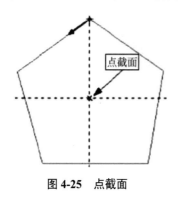

图 4-25　点截面

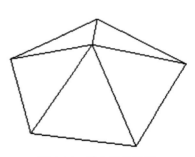

图 4-26　混合实体特征

4.5.6　实例——五角星的绘制

　　五角星的绘制是利用混合特征的典型实例，在绘制五角星的过程中，要注意第一个截面是五角星，第二个截面变成了一个点，具体步骤如图 4-27 所示。

　　单击 ✏ 混合 进入绘图环境

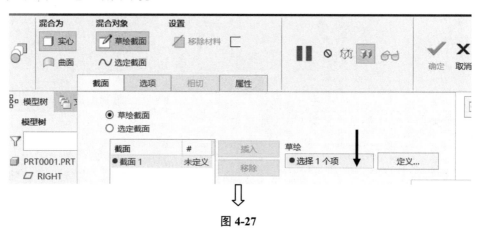

图 4-27

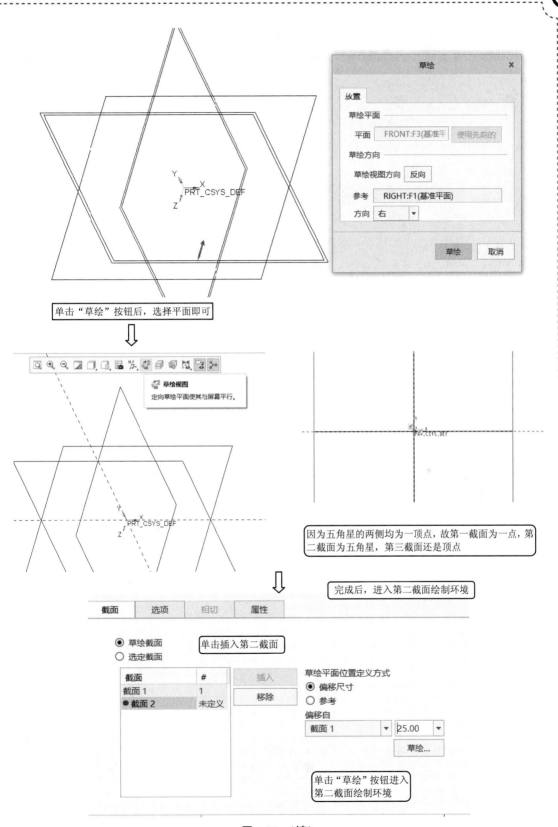

单击"草绘"按钮后，选择平面即可

因为五角星的两侧均为一顶点，故第一截面为一点，第二截面为五角星，第三截面还是顶点

完成后，进入第二截面绘制环境

单击插入第二截面

单击"草绘"按钮进入第二截面绘制环境

图 4-27 （续）

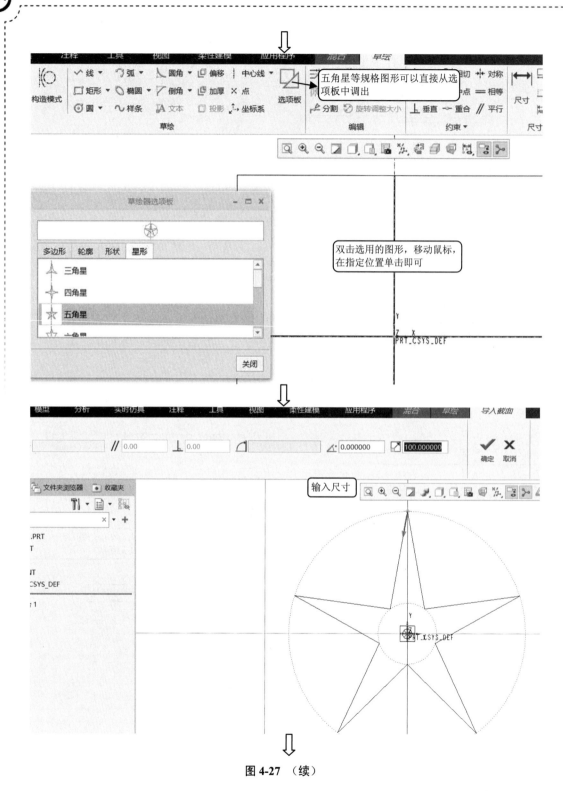

图 4-27 （续）

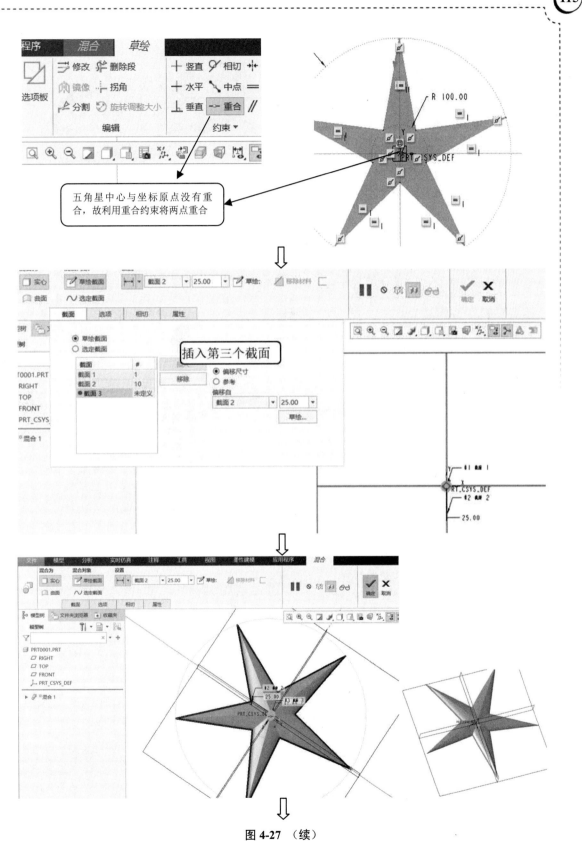

图 4-27 （续）

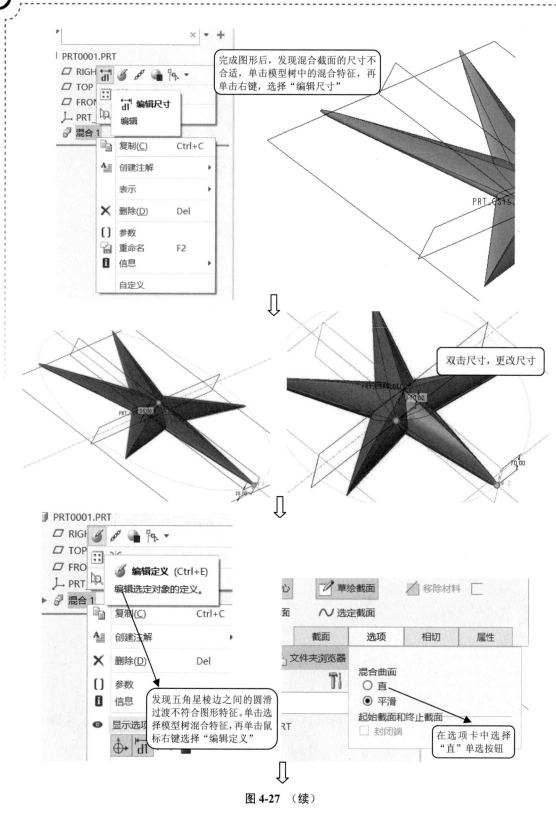

完成图形后，发现混合截面的尺寸不合适，单击模型树中的混合特征，再单击右键，选择"编辑尺寸"

双击尺寸，更改尺寸

发现五角星棱边之间的圆滑过渡不符合图形特征。单击选择模型树混合特征，再单击鼠标右键选择"编辑定义"

在选项卡中选择"直"单选按钮

图 4-27 （续）

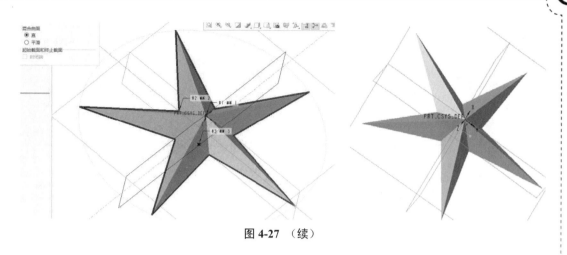

图 4-27　（续）

　　思考：通过本例，读者需要关注：需要修改图形时，在模型树中选择所需修改的特征，单击鼠标右键，再选择需要的命令，修改图形即可。当然，这个时候如果图形与其他特征存在父子关系，则会影响其他特征或会提示错误。

4.6　孔　特　征

　　孔特征是产品设计中使用最多的特征之一，如机械零件上的各种单一圆孔和各种组孔。圆孔的形式多样、位置灵活，对于组孔还要求较高的位置精度。因此，在创建孔特征时，一方面需要准确确定孔的直径和深度、孔的样式等定形条件，另一方面还需要准确确定孔在实体上的相对位置，主要是起轴线位置。

　　单击 孔，如图 4-28 所示。

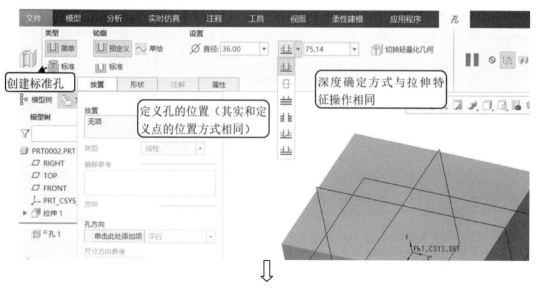

图 4-28

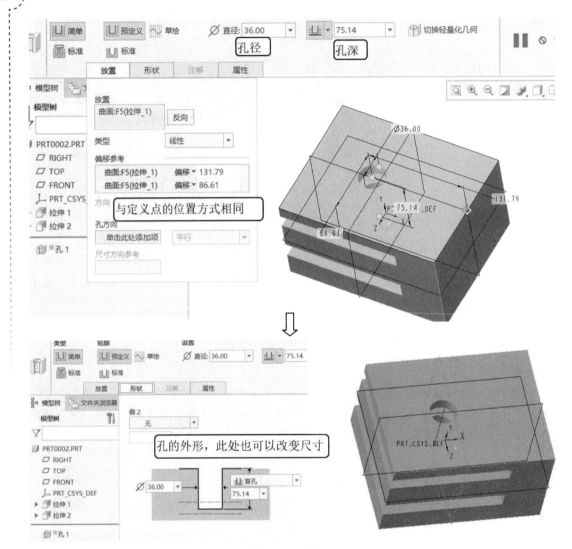

图 4-28 （续）

4.6.1　孔特征放置参照方式

孔特征放置参考定位方式主要有三种，分别是线性、径向、直径。

（1）线性：线性是常见的一种放置类型，使用这种放置方式时，需要在模型上选取一个放置参照和两个偏移参照来定位孔，其中，放置参照需要定义在实体表面，偏移参照可以是实体边、基准轴、平面或者基准平面等，见图 4-29。

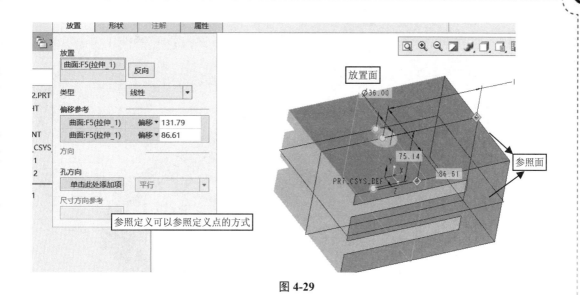

图 4-29

（2）径向：该方式用于选取平面、圆柱体或圆锥体曲面，或是基准平面作为放置主参照。使用一个线性尺寸和一个角度尺寸放置孔，见图 4-30。

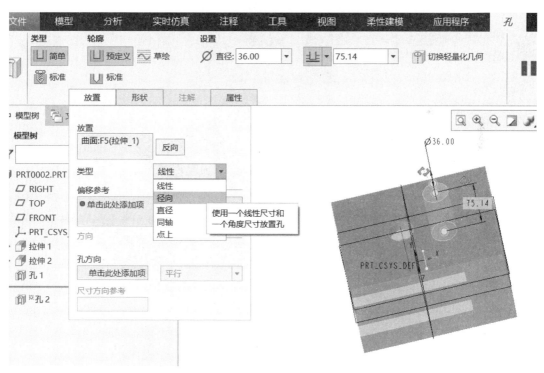

图 4-30

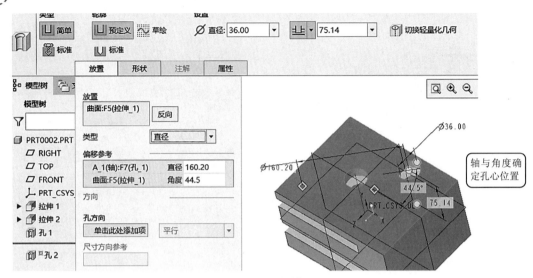

图 4-30 （续）

（3）直径：直径选项也是通过一个线性和一个角度尺寸来定位孔的，通过绕直径参照旋转来放置孔，见图 4-31。

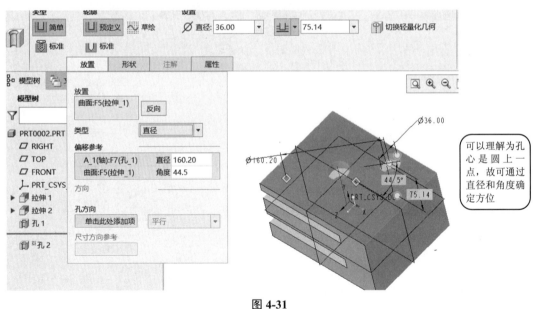

图 4-31

（4）同轴：孔心通过点定位，点是放置平面与轴的交点，见图 4-32。

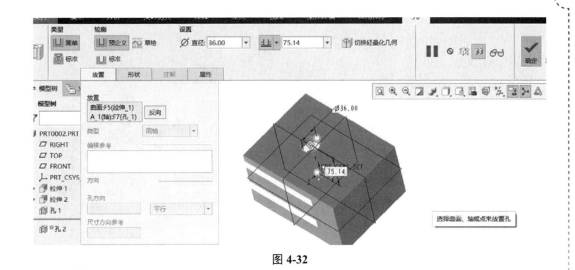

图 4-32

（5）点：孔心和确定平面上某一点位置的方法相同，可以首先创建基准点，确定孔心后再通过其他约束确认孔的方向，见图 4-33。

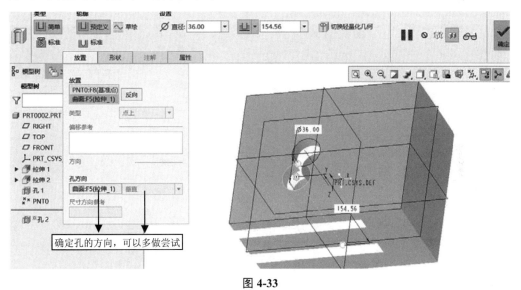

图 4-33

4.6.2　孔特征创建的方法

（1）从工具栏里选择孔工具 孔 创建孔特征。下面以创建简单直孔特征为例介绍孔特征的创建过程，如图 4-34 所示。

图 4-34

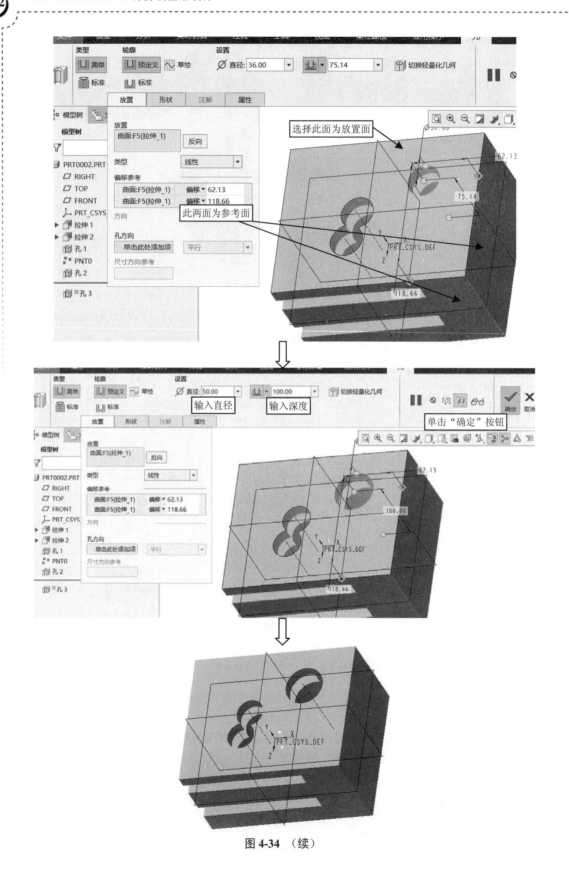

图 4-34 （续）

（2）草绘孔的创建。

选择平面、确定位置与简单孔绘制操作方式相同。确定草绘平面和确定位置后，在操控板中，单击 草绘 图标按钮，选取"草绘"定义孔轮廓，再单击 草绘器 图标按钮，进入草绘模式，见图 4-35，在新的绘图界面绘图。

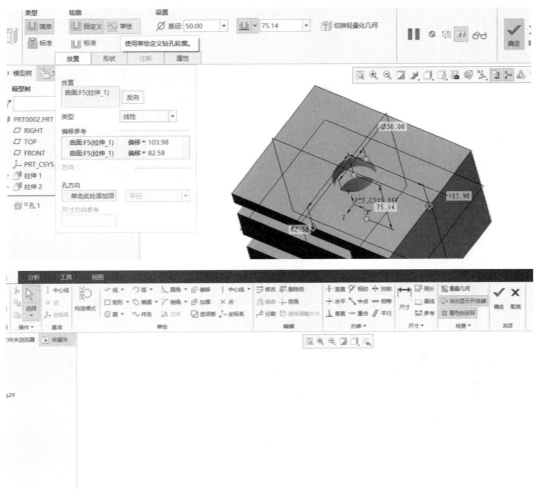

图 4-35

草绘二维特征截面并修改尺寸值，如图 4-36 所示，待重生成草绘截面后，单击☑图标按钮，回到零件模式。

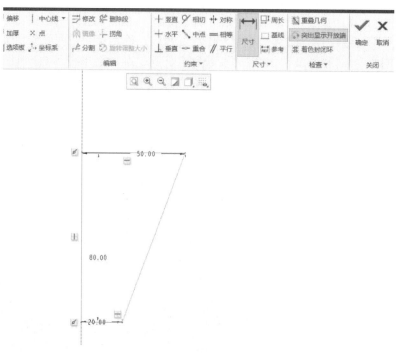

图 4-36

单击 ☑ 图标按钮，完成草绘孔特征的创建，如图 4-37 所示。

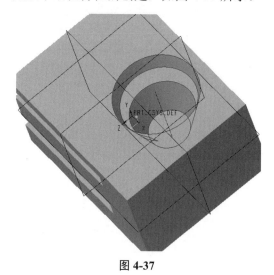

图 4-37

注意： 在绘制孔外形时，首先要绘制中心轴线，中心轴线既是旋转轴线，也是与孔心相重合的定位线。

（3）标准孔特征的创建。

先放置孔，放置方式与其他简单孔的放置方式相同，选择放置平面，利用线性、直径等约束方式确定位置，确定草绘平面和确定位置后，单击 █ 标准 图标按钮（先单击此图标后定义孔位也可以），以创建标准孔，如图 4-38 所示。

图 4-38

在该操控板中，单击"添加攻丝"按钮（此为默认设置），以创建具有螺纹特征的标准孔，指定标准孔的螺纹类型为"ISO"可以选择螺钉的尺寸，指定钻孔深度的类型为"盲孔"（此为默认设置），单击 ⚒ 图标（与拉伸特征定义深度的方式相同，这里就不做讲解了），输入深度，再单击选项板中的"形状"标签，对尺寸进行修改即可完成孔的创建，见图 4-39。

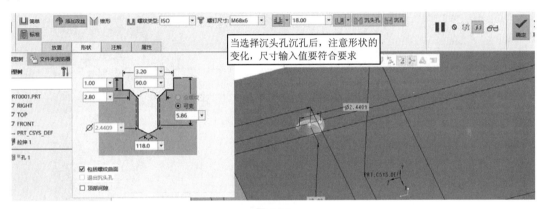

图 4-39

注意：关注此图尺寸时会发现孔尺寸为 M68，而图孔尺寸为 2.4409，为什么？这是因为绘制图形时选用的模板是英制，所以进入绘图环境时，根据绘图要求最好选择适用的模板。

4.7　倒圆角特征

倒圆角可以使零件实体尖锐边线过渡圆滑，提高产品外观美感，还可以避免模型拐角应力集中造成开裂。

倒圆角特征控制面板的介绍见图 4-40。

4.7.1　倒圆角的种类

倒圆角种类较多，形状上有圆形、圆锥、C2 连续、D1×D2 圆锥、D1×D2 等，从尺寸变化上有恒定倒圆角、可变半径倒圆角、通过曲线倒圆角、完全倒圆角等。

1. 各类圆角类型及创建方式

（1）圆形，见图 4-41。

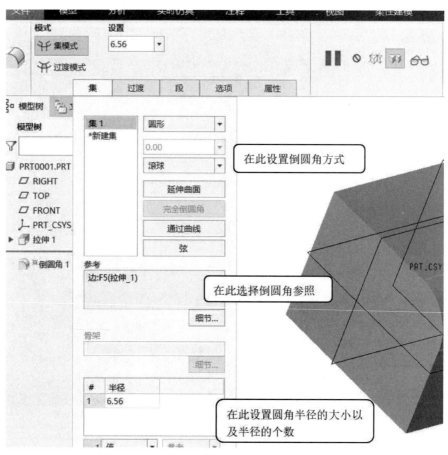

图 4-40

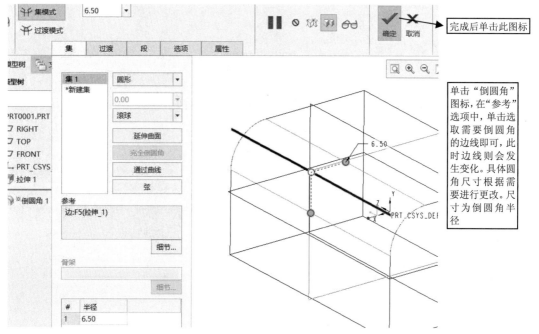

图 4-41

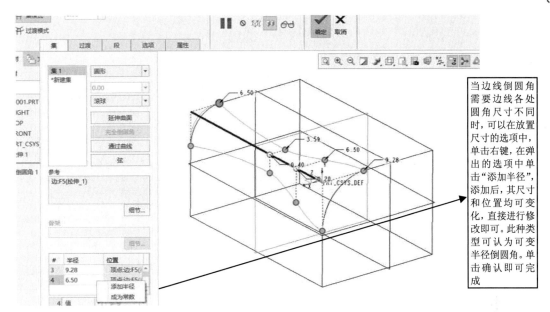

图 4-41　（续）

（2）圆锥，见图 4-42。

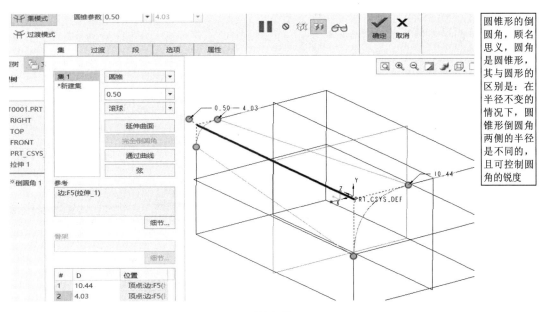

图 4-42

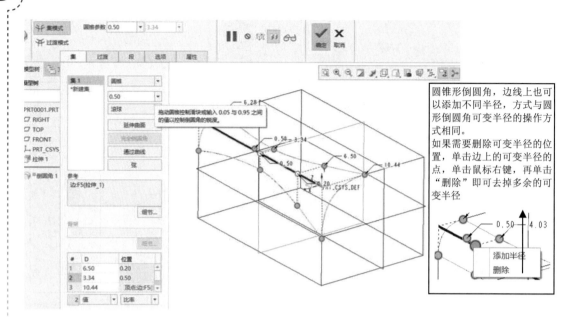

图 4-42 （续）

（3）C2 连续：操作方式与圆锥形倒圆角操作方式类似，不再赘述。但需要了解 C2 曲线的意义，方便倒圆角时选择倒圆角的类型。

（4）D1×D2 圆锥：见图 4-43。

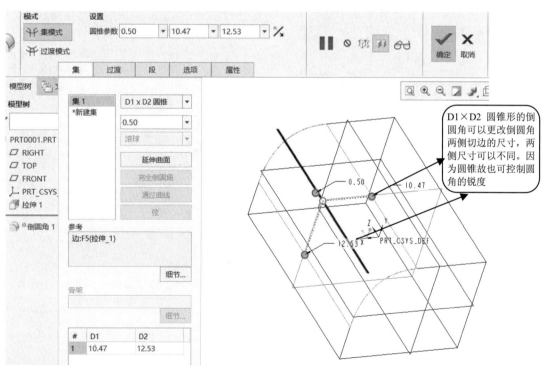

图 4-43

（5）D1×D2，C2 倒圆角：与上述几种倒圆角操作方式类似，不再赘述。

2. 集

在"倒圆角"选项卡中单击"集"标签，集的含义是可以添加多个不同数值的倒角，见图 4-44，分别给长方体三个边做三个不同数值的圆形倒圆角，单击每个集，在红色方框处分别修改数值。

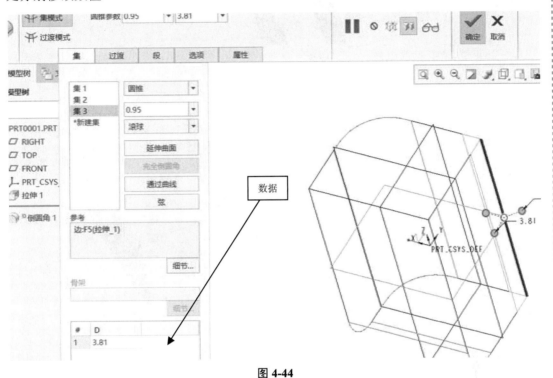

图 4-44

注意：三种倒圆角的形式是不同的，每个集均可包含一个或多个边进行倒圆角处理，集与集包含的边的倒圆角是可以不同的。

3. 完全倒圆角

选中两侧面，单击"完全倒圆角"按钮。再选择驱动平面，见图 4-45。

注意：在使用完全倒圆角时，可以尝试完成当两侧面不平行时、驱动平面远大于两侧面时等各类情境，从而总结经验。

4. 沿着曲线倒圆角

沿着曲线倒圆角，见图 4-46。

思考：当多条边同时倒圆角时，如果圆角的类型、尺寸相同，在"参考边"上利用 Ctrl 键选择多条边即可同时倒圆角；如果每条边或几条边倒圆角的类型、尺寸不同，这个时候就需要用到集的概念；至于"倒圆角"选项卡中的"过渡"选项，读者可自己尝试，看看和普通倒圆角有什么不同。

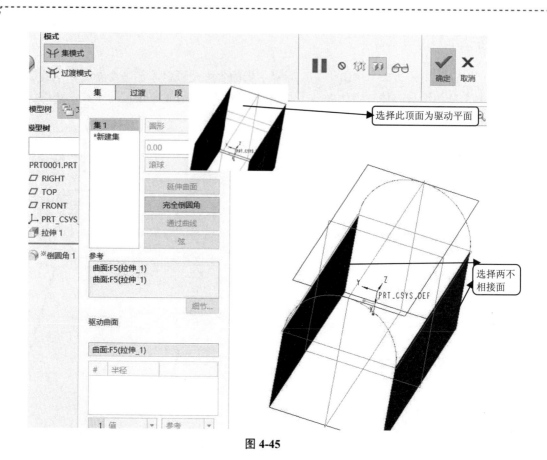

图 4-45

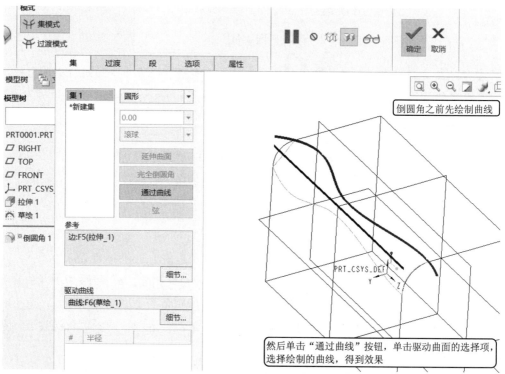

图 4-46

4.8　边倒角特征

边倒角又称为倒斜角或去角特征，在实际应用中，倒角特征既可以处理模型周边的棱角，还可以根据工艺配合要求，方便轴及轴套类零件的安装。

4.8.1　边倒角的种类

边倒角种类较多，各类倒角类型及创建方式如下。

1. 根据倒角剪切方式划分

（1）相等距离"D×D"，具体创建方式见图 4-47。

单击 倒角 进入倒角绘图环境。

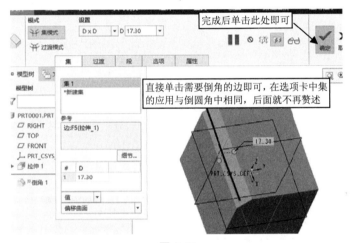

图 4-47

（2）非相等距离"D1×D2"，具体创建方式见图 4-48。

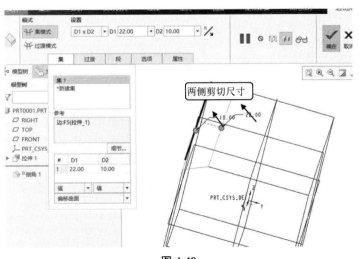

图 4-48

（3）角度和距离"角度×D"，具体创建方式见图 4-49。

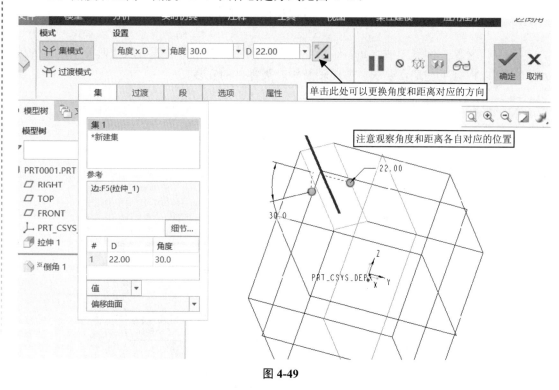

图 4-49

（4）45°角和距离"45×D"，具体创建方式见图 4-50。

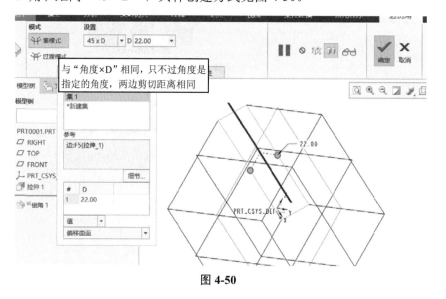

图 4-50

注意：倒角中的多条边、多集的操作模式与倒圆角类似，可以多尝试。

2．拐角倒角

顾名思义，就是对拐角进行倒角，即同时经过顶点的所有边进行倒角。

具体创建方式见图 4-51 和图 4-52。

单击"倒角"下拉三角中的"拐角倒角",即可进入拐角倒角环境。

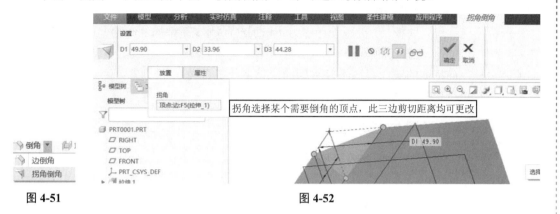

图 4-51　　　　　　　　　　　　　　　　　　　图 4-52

4.9　抽　壳　特　征

实体壳特征可以将实体内部掏空,留指定壁厚的壳,它可用于从指定壳移除一个或多个曲面。如果未指定要移除的曲面,那么系统将会创建一个"封闭"的壳,即将零件的整个内部掏空,没有入口连接空心部分。注意:壳厚度可以被添加到零件的外部。

在定义壳特征时,可以为选定一些曲面设定不同的厚度,还可以通过在"排除曲面"收集器中指定曲面来排除一个或多个曲面,使其不被壳化。

在特征工具栏中选择"壳"命令 ▣ 壳 即可创建壳特征,具体创建方式见图 4-53。

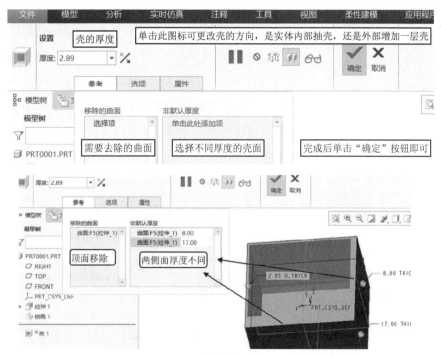

图 4-53

4.10 筋 特 征

筋特征也称作为肋板，是机械设计中为了增加产品刚度而添加的一种辅助性实体特征。在 Creo 中，筋特征是侧截面形态各异的薄壁实体，外部形态与拉伸或者旋转特征类似，它们的区别是，筋特征的截面草图不是封闭的，只是一条直线或曲线以及直线和曲线的组合图形。在 Creo 5.0 中的筋特征分为轨迹筋和轮廓筋。

1. 轮廓筋特征创建的方法

选择"轮廓筋"命令 ⌊ 轮廓筋 创建筋特征。

（1）当对应创建筋特征的面是直面时，见图 4-54。

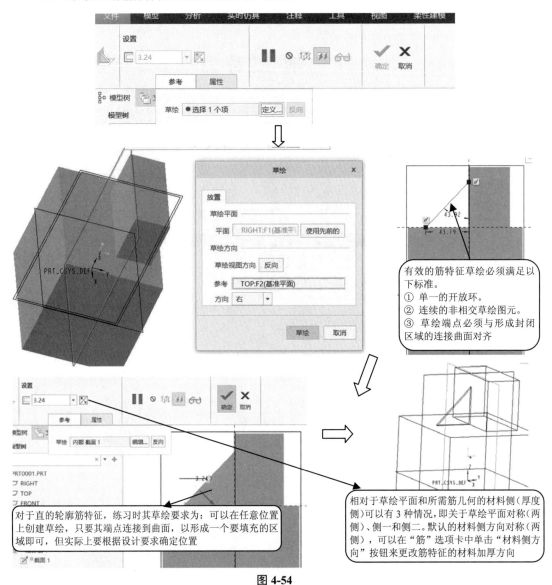

图 4-54

（2）当对应创建筋特征的面是曲面时，见图 4-55。

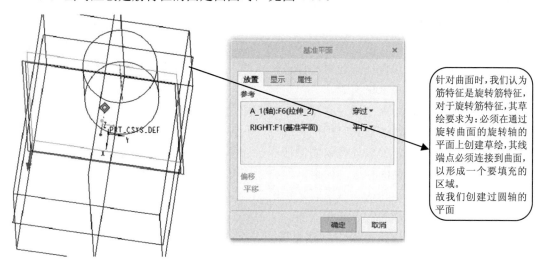

针对曲面时,我们认为筋特征是旋转筋特征,对于旋转筋特征,其草绘要求为:必须在通过旋转曲面的旋转轴的平面上创建草绘,其线端点必须连接到曲面,以形成一个要填充的区域。

故我们创建过圆轴的平面

单击 轮廓筋 图标，进入筋特征绘制环境。

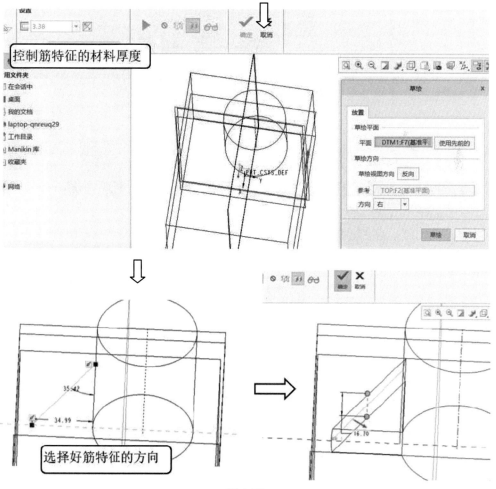

图 4-55

2. 轨迹筋特征创建的方法

轨迹筋多用在塑料零件（这些零件在腔槽曲面之间含有基础和壳或其他空心区域，腔槽曲面和基础必须由实体几何组成）中，起到加固塑料零件的作用。轨迹筋特征实际上是一条"轨迹"实体，可包含任意数量和任意形状的段，此特征还可以包括每条边的倒圆角和拔模（拔模角度为 0°～300°）等。

轨迹筋的基本设计思路是通过在零件腔槽曲面之间草绘筋路径，或通过选择现有合适的草绘来创建轨迹筋。轨迹筋具有顶部和底部，底部是与零件曲面相交的一端，而顶部曲面由所选的草绘平面所定义，筋几何的侧曲面延伸至遇到的下一个曲面。轨迹筋特征必须沿着筋的每一点与实体曲面相接，如果出现如下情况，则可能无法创建轨迹筋特征。

（1）筋与腔槽曲面在孔或空白空间处相接。

（2）筋路径穿过基础曲面中的孔或切口。

选择"轨迹筋"命令 ![] 轨迹筋 创建筋特征，见图 4-56。

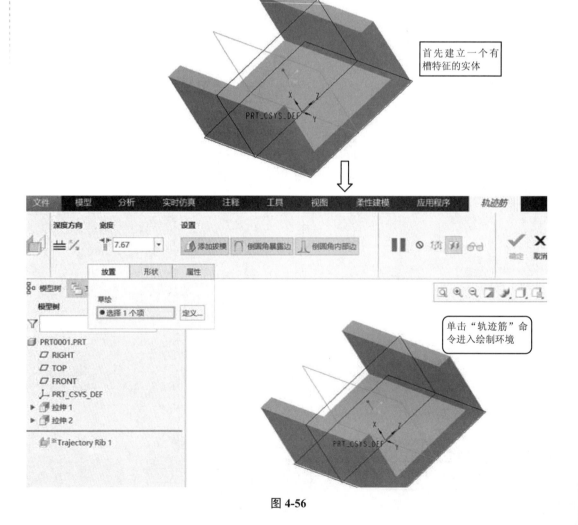

图 4-56

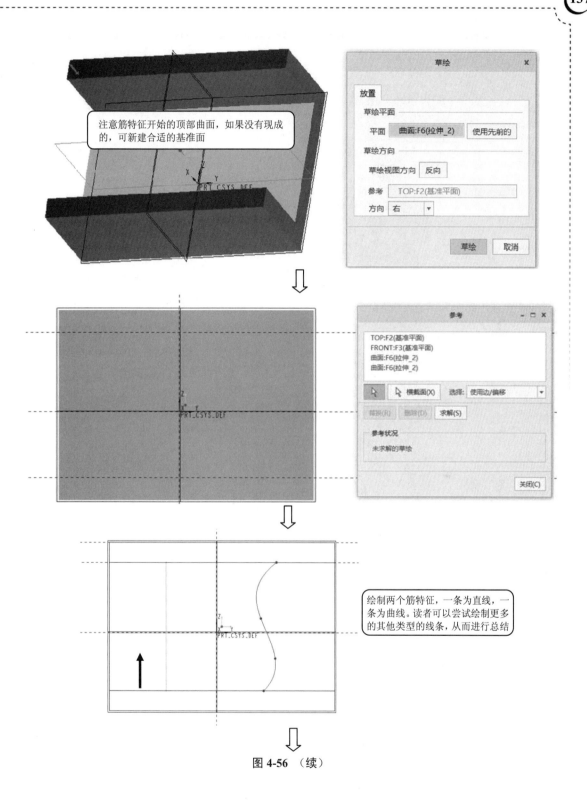

图 4-56 （续）

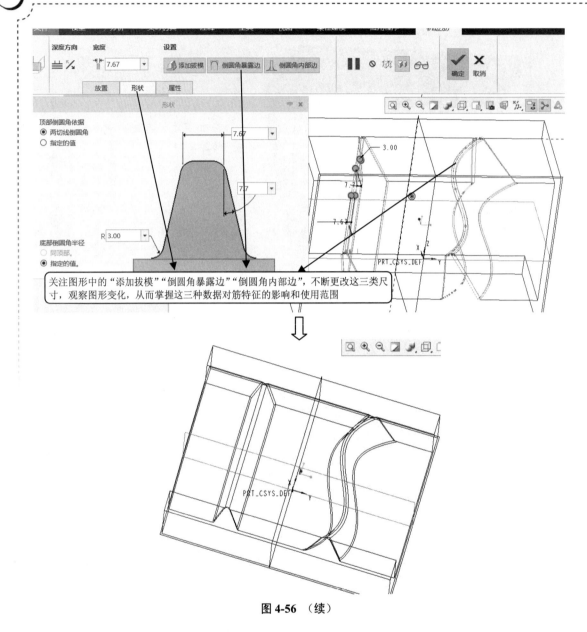

图 4-56 （续）

4.11 拔 模 特 征

在实际生产中，拔模特征是指当使用注塑或铸造方式进行零件制造时，塑料射出件、金属铸造件和锻造件与模具之间一般会保留一定的角度，从而可以使成型品容易自模腔中取出。因拔模命令相对复杂，需要对一些俗语先进行解释。

（1）拔模曲面是指要拔模的模型的曲面。

（2）拔模枢轴是指曲面围绕其旋转的拔模曲面上的线或曲线（也称作中立曲线）。可通过选取平面（在此情况下拔模曲面围绕它们与此平面的交线旋转）或选取拔模曲面上的单个曲线链来定义拔模枢轴。

（3）拖动方向（也称作拔模方向）是指用于测量拔模角度的方向，通常为模具开模的方向。可通过选取平面（在这种情况下拖动方向垂直于此平面）、直边、基准轴、两点（如基准点或模型顶点）或坐系对其进行定义。

（4）拔模角度是指拔模方向与生成的拔模曲面之间的角度。如果拔模曲面被分割，则可为拔模曲面的每侧定义两个独立的角度。拔模角度必须在−30°～+30°范围内。

拔模曲面可按拔模曲面上的拔模枢轴或不同的曲线进行分割，如与面组或草绘曲线的交线。如果使用不在拔模曲面上的草绘分割，系统会以垂直于草绘平面的方向将其投影到拔模曲面上。如果拔模曲面被分割，可以：①为拔模曲面的每一侧指定两个独立的拔模角度；②指定一个拔模角度，第二侧以相反方向拔模；③仅拔模曲面的一侧（两侧均可），另一侧仍位于中性位置。

单击 🪜拔模 进入拔模环境，见图 4-57。

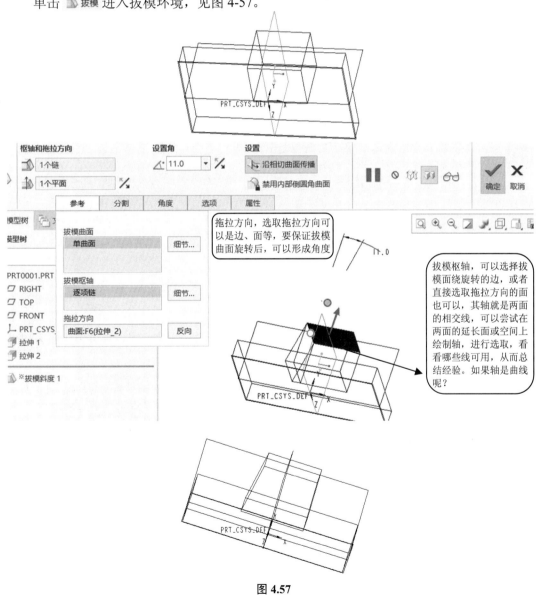

图 4.57

（1）当在"分割选项"中选择"根据拔模枢轴分割"时，见图 4-58。

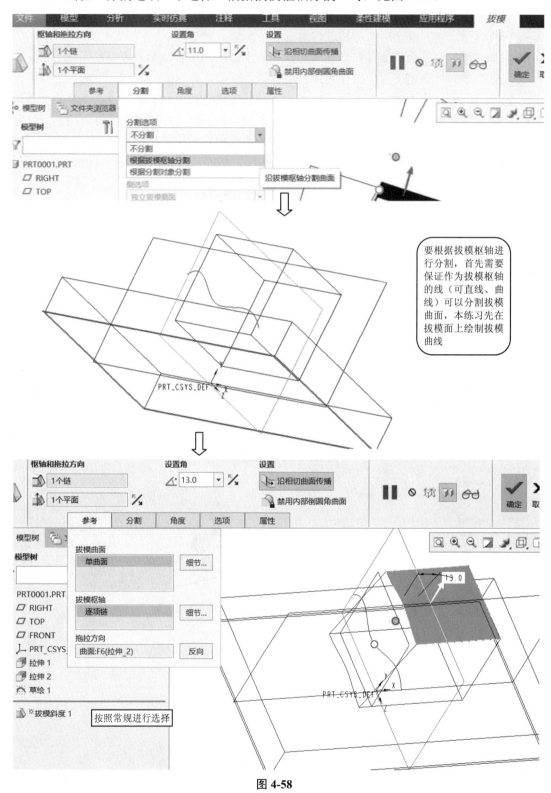

图 4-58

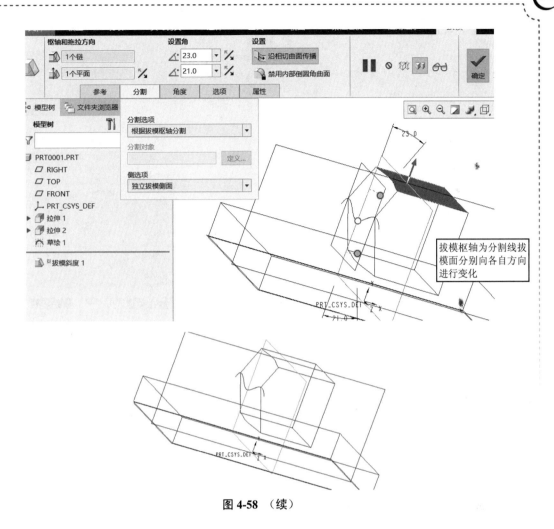

图 4-58　（续）

（2）当选择的"侧选项"不同时，见图 4-59。

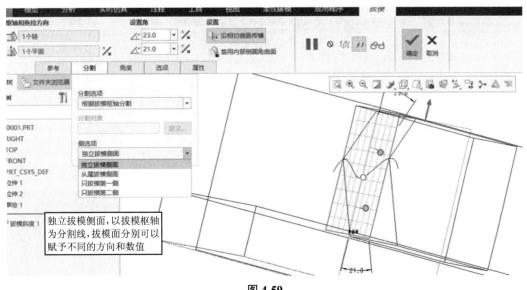

图 4-59

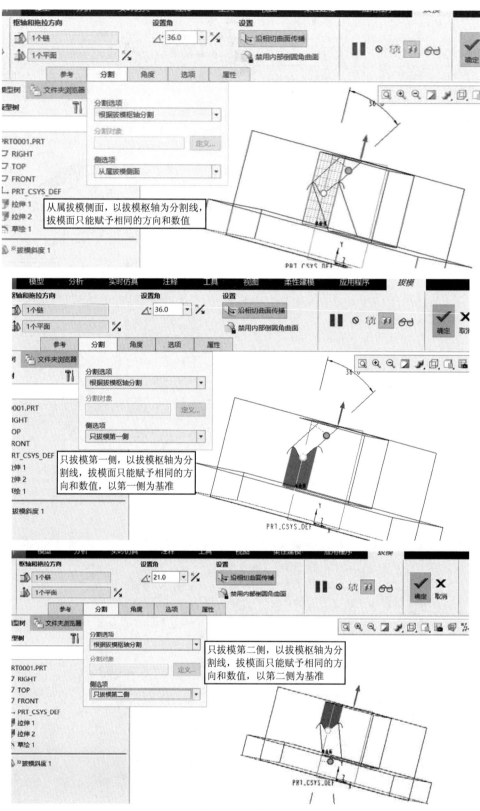

图 4-59 （续）

（3）"角度"选项卡，见图 4-60。

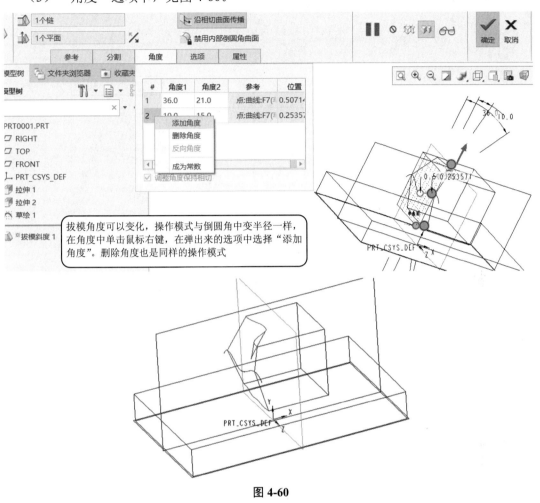

拔模角度可以变化，操作模式与倒圆角中变半径一样，在角度中单击鼠标右键，在弹出来的选项中选择"添加角度"。删除角度也是同样的操作模式

图 4-60

（4）当在"分割选项"中选择"根据分割对象分割"时，见图 4-61。

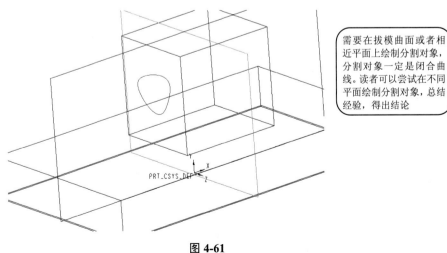

需要在拔模曲面或者相近平面上绘制分割对象，分割对象一定是闭合曲线。读者可以尝试在不同平面绘制分割对象，总结经验，得出结论

图 4-61

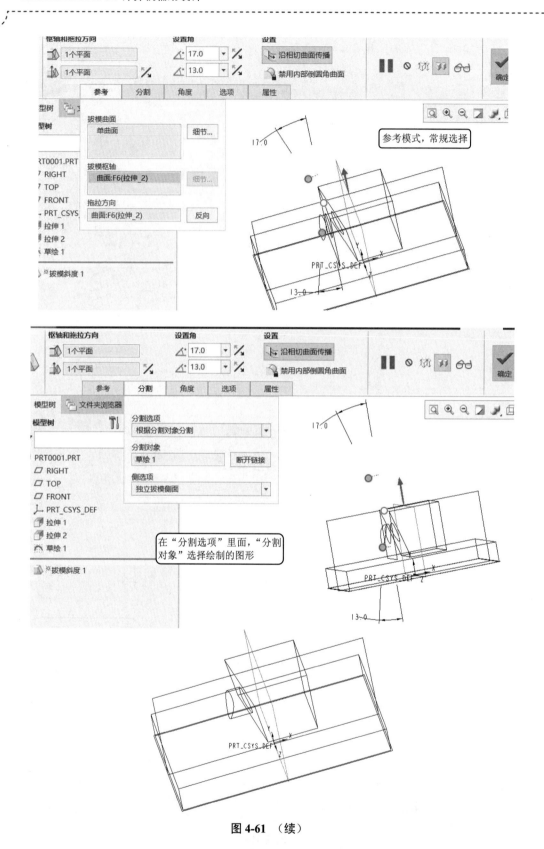

图 4-61 （续）

实例：创建如图 4-62 所示模型，具体创建步骤见图 4-63。

提示：本题难点在于凸台的设计。

本题思路：先将带有圆弧的底台完成，然后在平台的基础上利用混合平行，制作带圆弧的凸台（注意混合平行延伸的方向），凸台完成后，利用现有条件完成其他特征。用到的命令有拉伸、混合平行、筋特征、拔模、倒圆角。

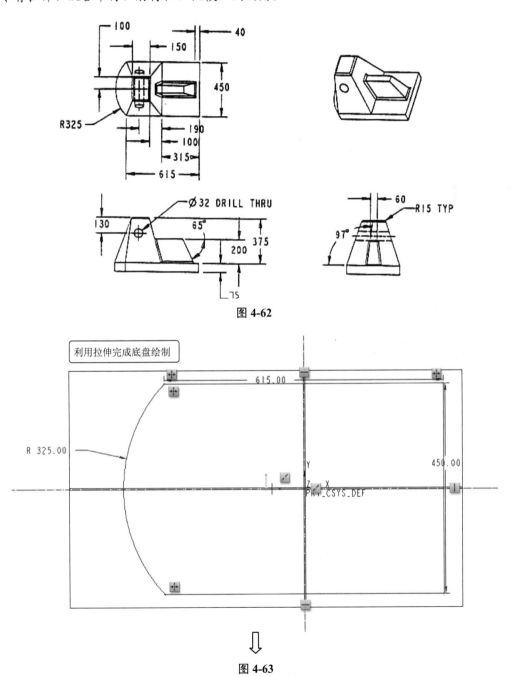

图 4-62

图 4-63

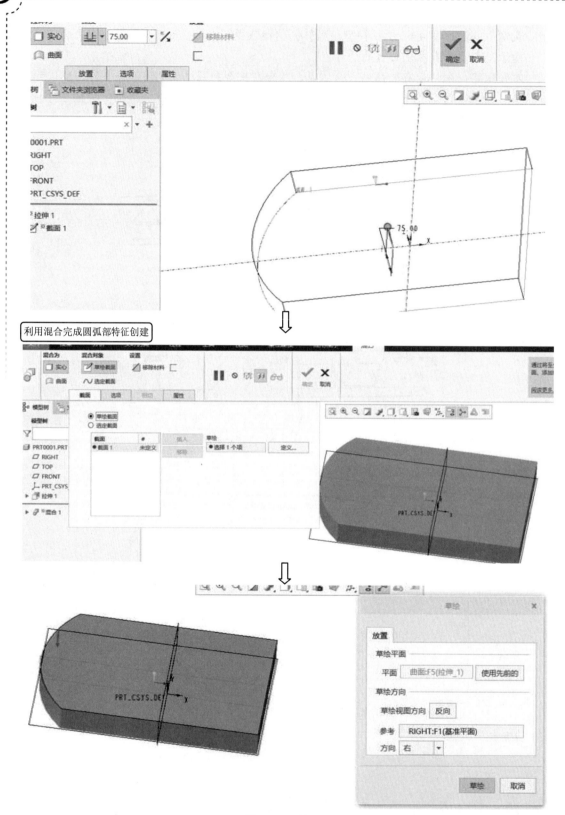

利用混合完成圆弧部特征创建

图 4-63 （续）

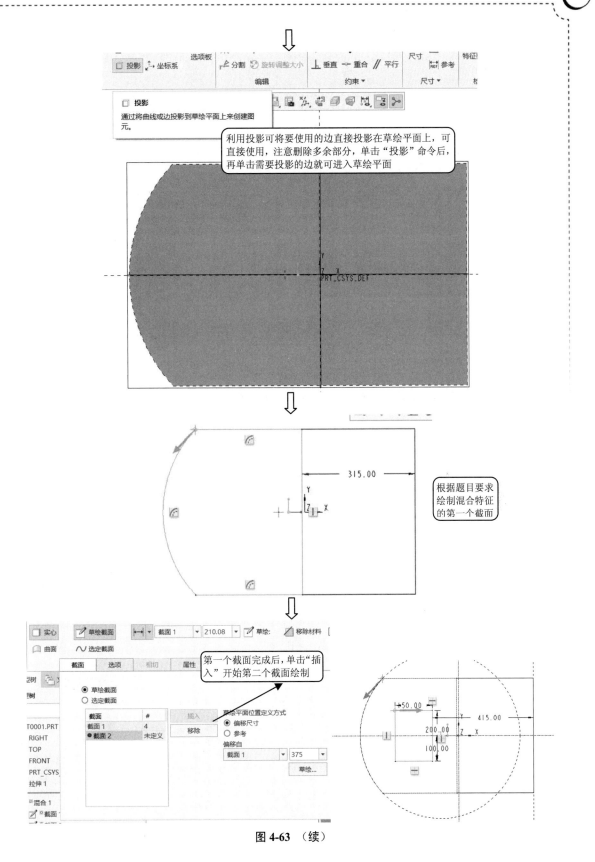

图 4-63 （续）

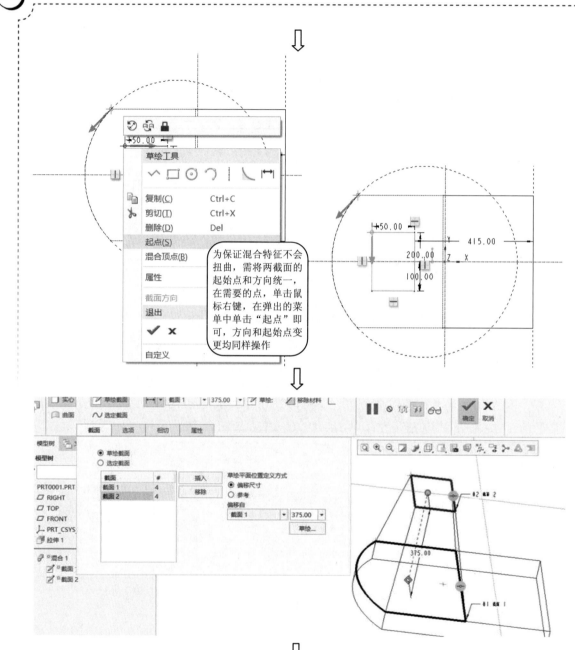

图 4-63 （续）

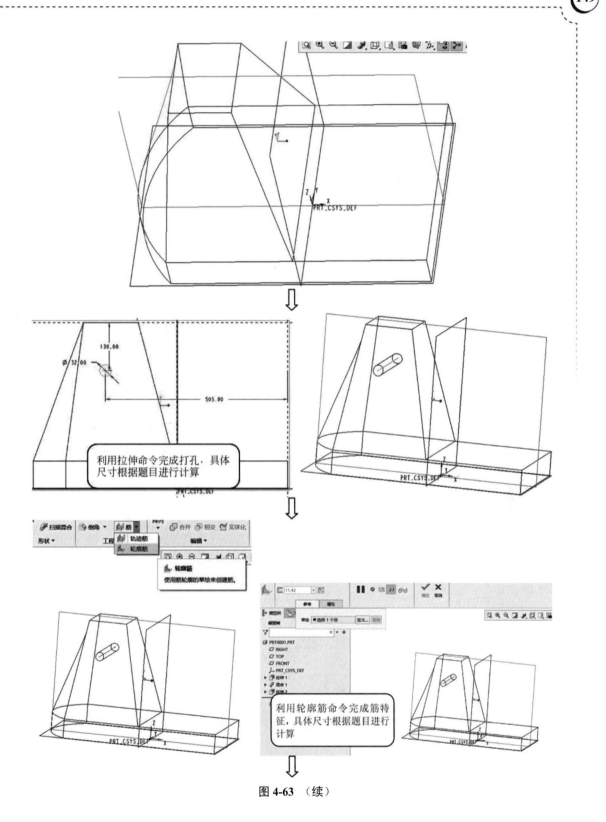

图 4-63　（续）

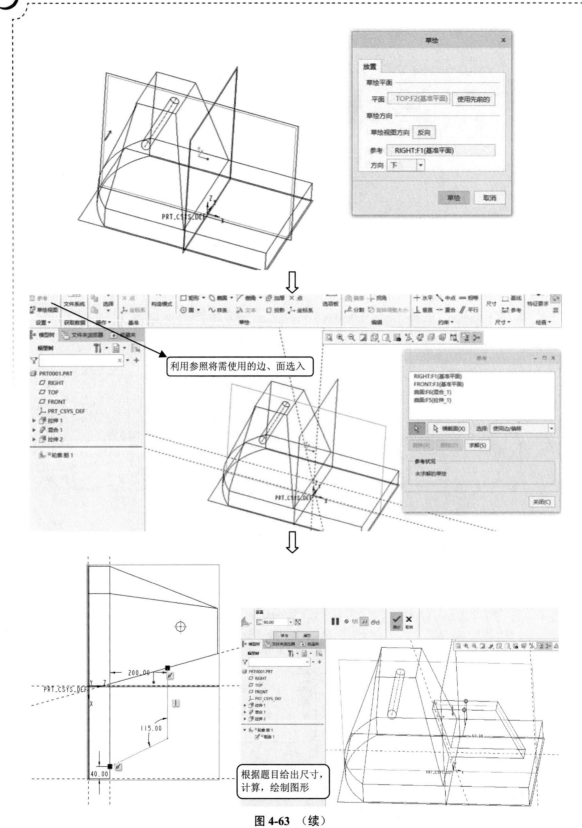

图 4-63　（续）

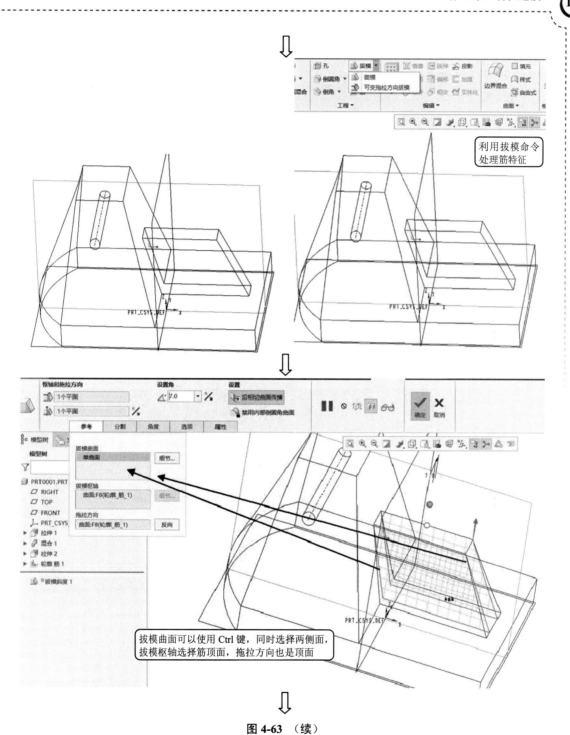

利用拔模命令处理筋特征

拔模曲面可以使用 Ctrl 键，同时选择两侧面，拔模枢轴选择筋顶面，拖拉方向也是顶面

图 4-63　（续）

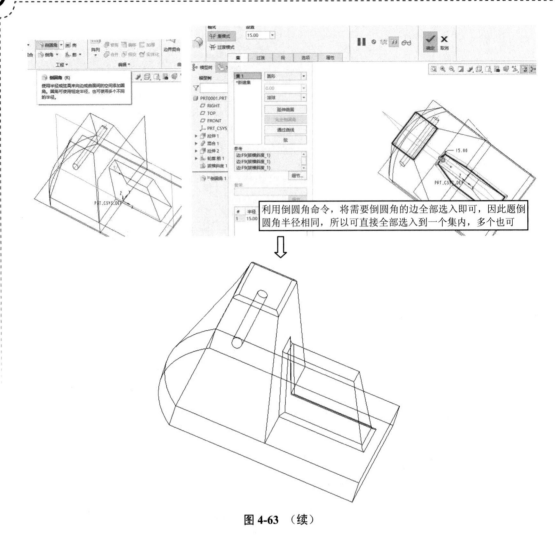

利用倒圆角命令，将需要倒圆角的边全部选入即可，因此题倒圆角半径相同，所以可直接全部选入到一个集内，多个也可

图 4-63 （续）

习 题

1. 绘制如图 4-64 所示图形。

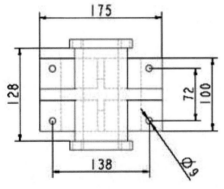
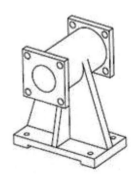

图 4-64

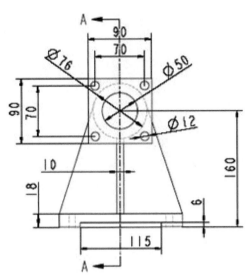
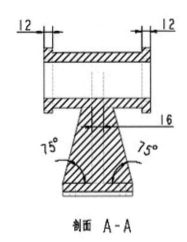

剖面 A-A

图 4-64　（续）

2. 绘制如图 4-65 所示图形。

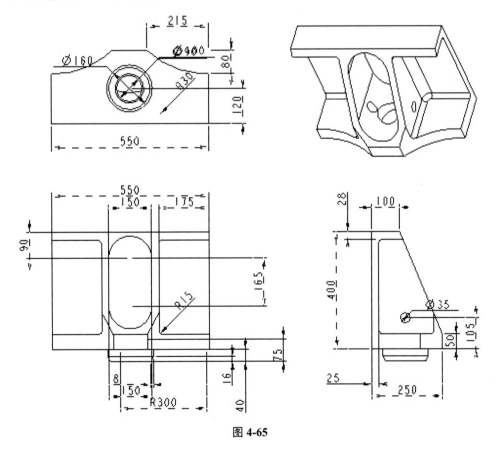

图 4-65

3. 绘制如图 4-66 所示图形。

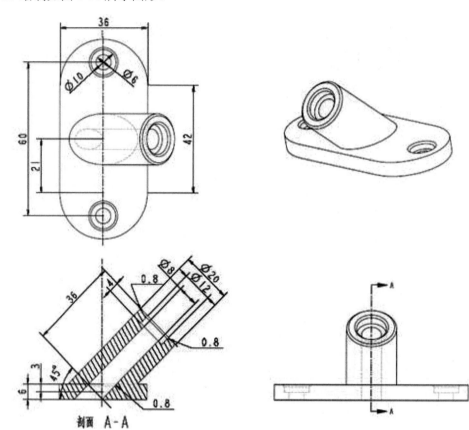

图 **4-66**

4. 绘制如图 4-67 所示图形。

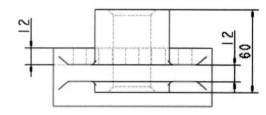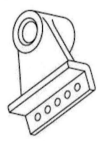

图 **4-67**

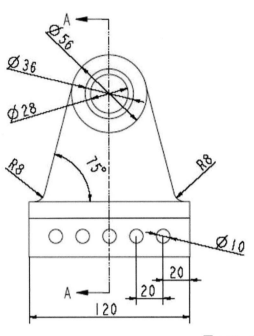

图 4-67 （续）

5. 绘制如图 4-68 所示图形。

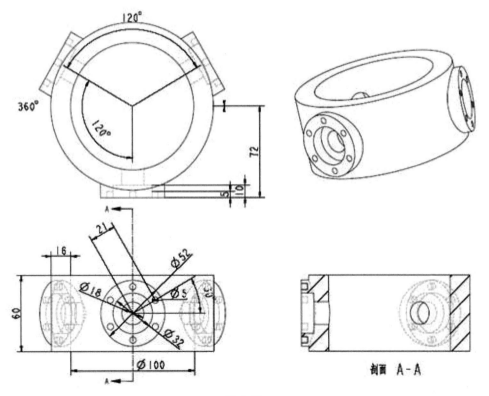

图 4-68

6. 绘制如图 4-69 所示图形。

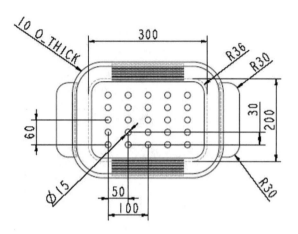

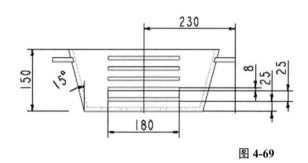
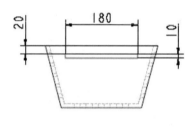

图 4-69

第 5 章

高级特征的创建

5.1 螺 旋 扫 描

螺旋扫描是将截面沿螺旋轨迹扫描形成实体特征,常用于弹簧、螺纹等具有螺旋特征造型的创建。在"螺旋扫描"命令中有"实心""曲面""移除材料"等几个扫描类型。

螺旋扫描的轨迹由旋转曲面的轮廓(定义螺旋特征的截面原点到其旋转轴的距离)和螺距(螺圈间的距离)定义。通过"螺旋扫描"命令可创建实体特征、薄壁特征以及其对应的剪切材料特征。在 Creo 中,按照螺旋距的不同可分为常数和可变的两种螺距类型的螺旋扫描特征。

5.1.1 螺旋扫描创建的方法

螺旋扫描的创建包括创建恒定螺距和可变螺距螺旋扫描特征两种。创建恒定螺距的螺旋扫描特征是螺旋扫描中最简单的一种方式,常用于创建螺栓螺纹、管螺纹等螺纹类的造型。本节以创建管螺纹为例介绍此类扫描特征的创建方法,见图 5-1。

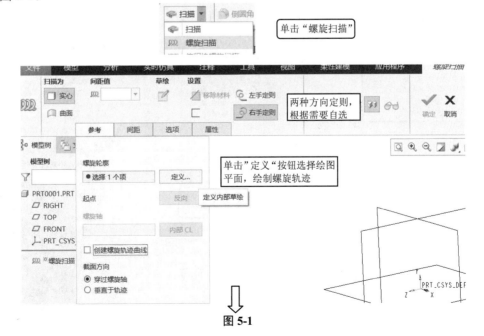

图 5-1

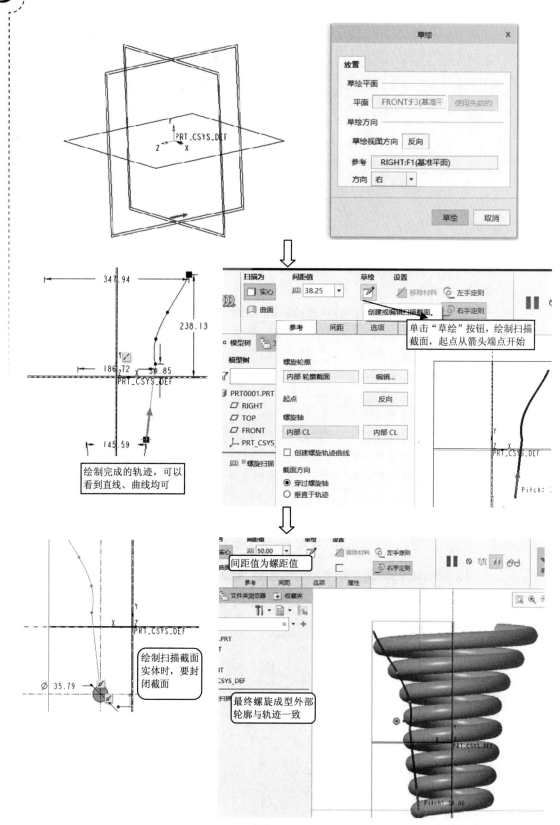

图 5-1 （续）

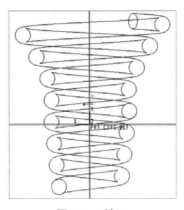

图 5-1　（续）

5.1.2　实例——螺栓的绘制

运用拉伸命令创建头部结构和螺柱,运用螺旋扫描创建螺纹,运用扫描混合进行收尾。绘制步骤见图 5-2。

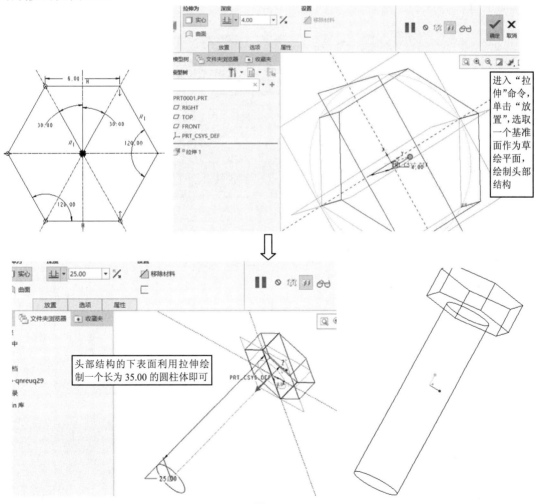

图 5-2

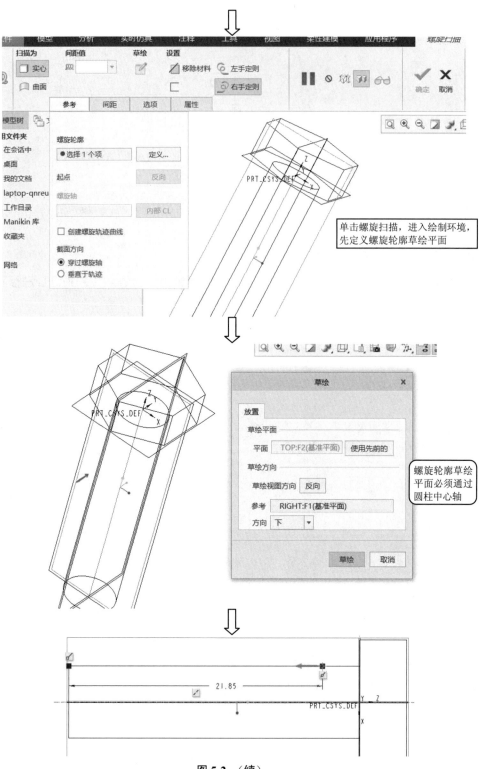

图 5-2 （续）

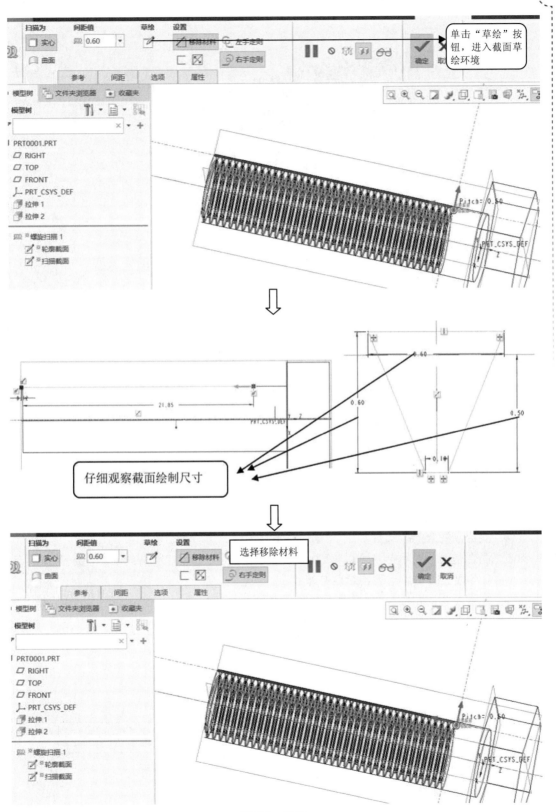

图 5-2 （续）

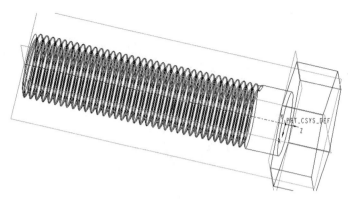

图 5-2 （续）

5.2 扫 描 混 合

扫描混合特征，顾名思义，同时具备扫描和混合两种特征。在建立扫描混合曲面时，需要有一条轨迹线和多个特征剖面，这条轨迹线可以通过草绘曲线和选择相连的基准曲线或边来实现。扫描混合可以具有两种轨迹：原点轨迹和第二轨迹。其中，原点轨迹是必不可少的，每个轨迹特征至少具有两个剖面。

扫描混合对各个截面的控制点有一定的要求，即各剖面的控制点要相等，如不相等可用打短线的方法来实现。扫描轨迹可以是草图曲线、投影线或模型边线，但只能是一条轨迹线。

扫描、混合和扫描混合的对比：

- 扫描：扫描过程中只使用单一的路径和单一的截面，主要用于创建简单的曲管造型，但在机械零件的创建中用的比较多，也是最简单的一种扫描方式。
- 混合：混合的样式有 3 种，分别是平行混合、旋转混合和一般混合。其中，一般混合是两者的结合，可以将截面进行旋转，也可以指定截面间的距离。当输入旋转角度为 0 时，一般混合就与平行混合类似。
- 扫描混合：扫描混合与扫描类似，但截面的变化比较灵活，可以为用户提供较大的编辑空间，产生复杂的扫描造型。

具体创建方式如图 5-3 和图 5-4 所示。

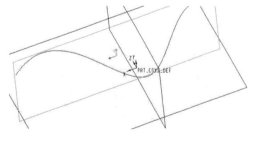

扫描混合　　首先绘制轨迹曲线，再单击"扫描混合"进入绘制环境

图 5-3

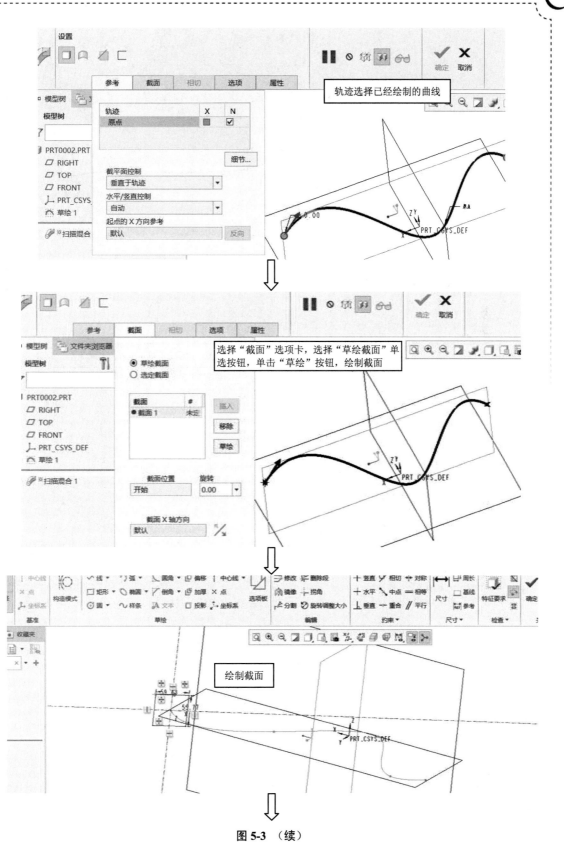

图 5-3 （续）

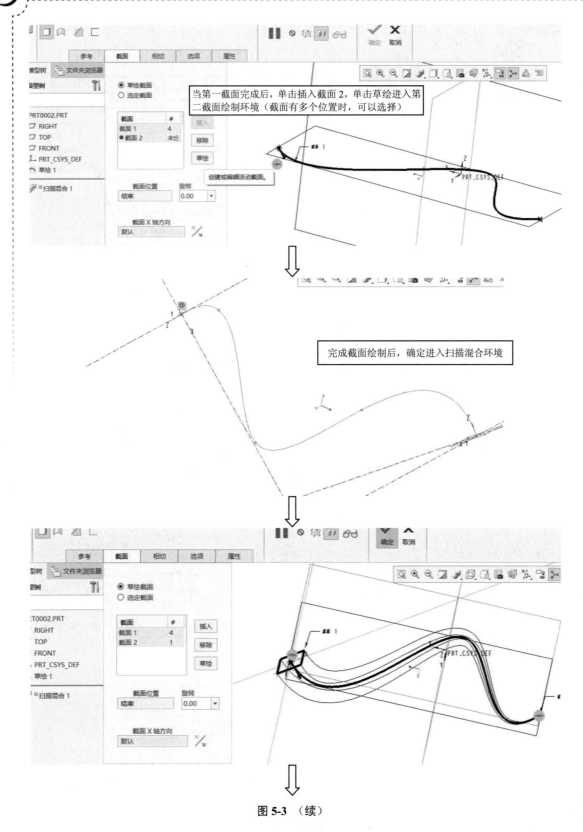

当第一截面完成后，单击插入截面 2，单击草绘进入第二截面绘制环境（截面有多个位置时，可以选择）

完成截面绘制后，确定进入扫描混合环境

图 5-3 （续）

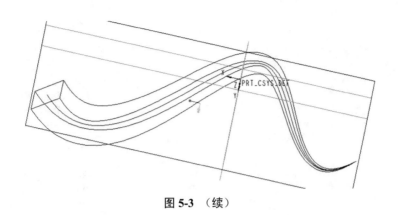

图 5-3　（续）

当轨迹线有多个端点时，扫描混合时可以创建多个截面。

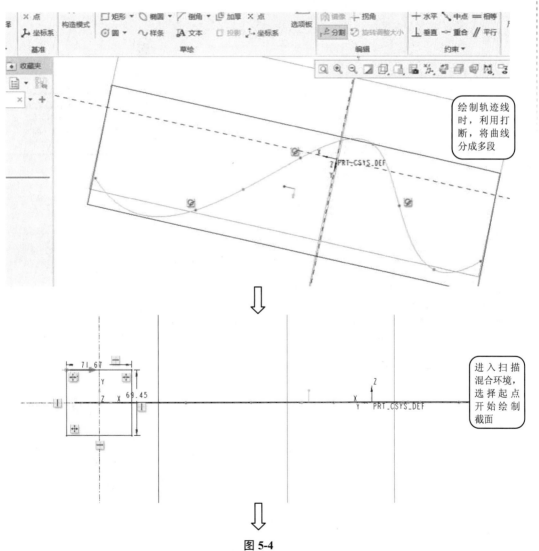

图 5-4

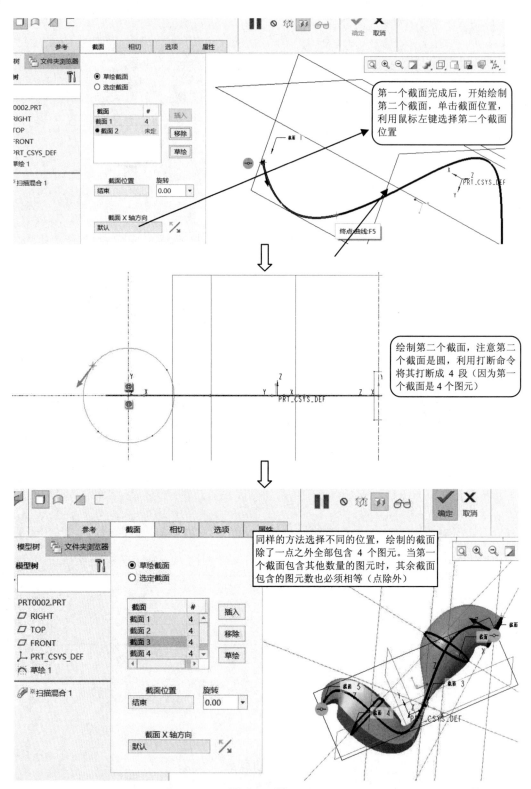

图 5-4 （续）

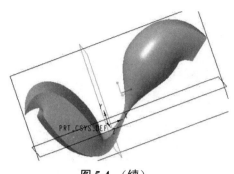

图 5-4　（续）

在 5.1.2 节的实例中，最后如图 5-5 所示，螺纹收尾不符合要求，故对所创建的螺纹进行收尾。螺纹收尾方法如图 5-6 所示（注意此螺纹收尾，是为了练习扫描混合而绘制，在实际生产过程中，螺纹早已标准化生产，无须如此绘制）。

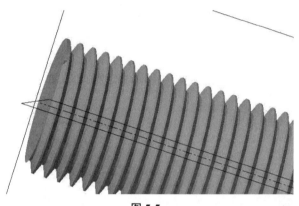

图 5-5

图 5-6

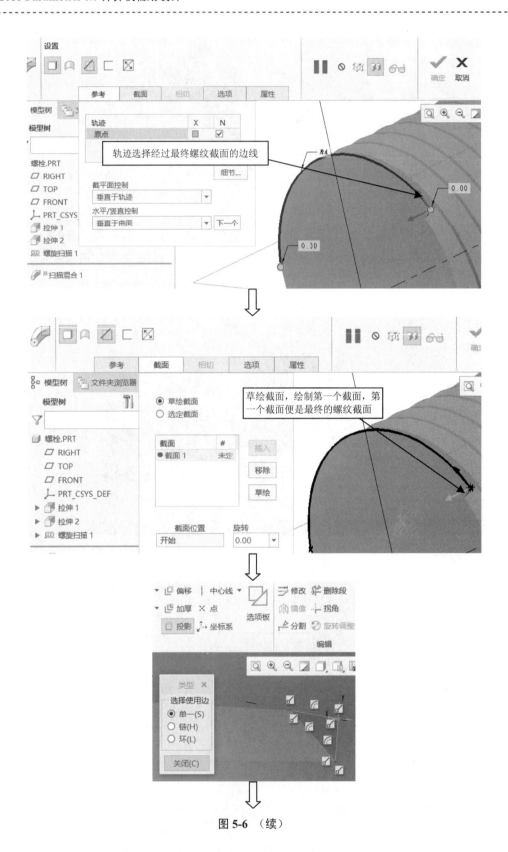

图 5-6 （续）

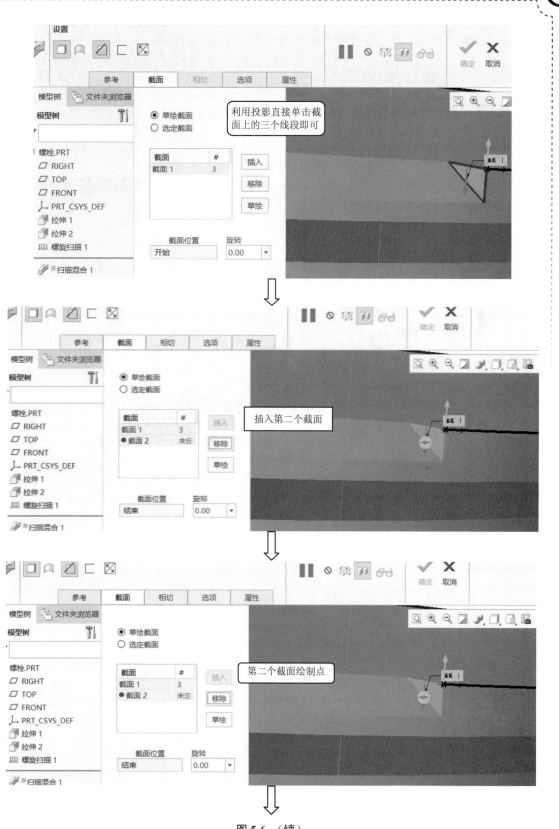

图 5-6　（续）

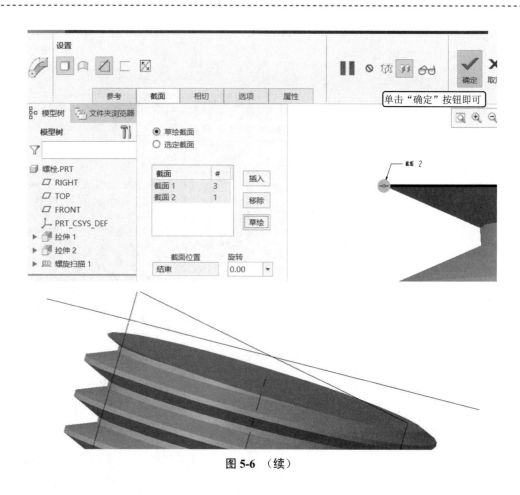

图 5-6 （续）

习　　题

根据图 5-7 完成三维图绘制。

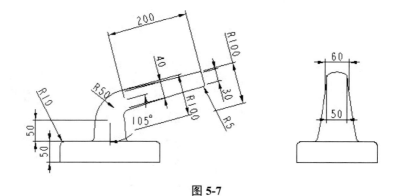

图 5-7

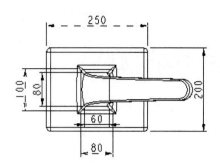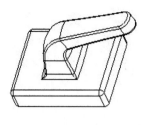

图 5-7　（续）

第 6 章

特征的编辑

6.1 复 制 特 征

在Creo中对相同的特征进行复制可以加快建模的速度，复制特征可以对实体、曲面、曲线、草绘等对象进行操作。

（1）复制后直接粘贴，具体方式见图6-1。

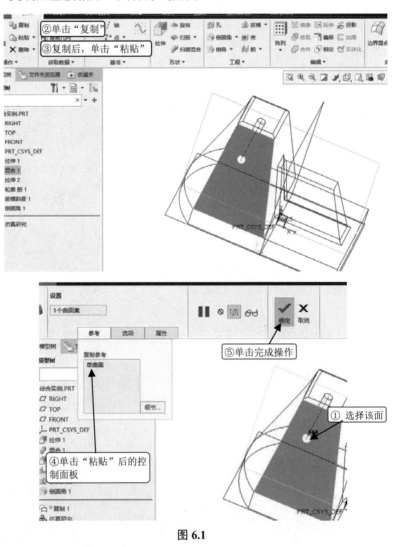

图 6.1

（2）复制选择性粘贴（可选三维特征），具体方式见图6-2。

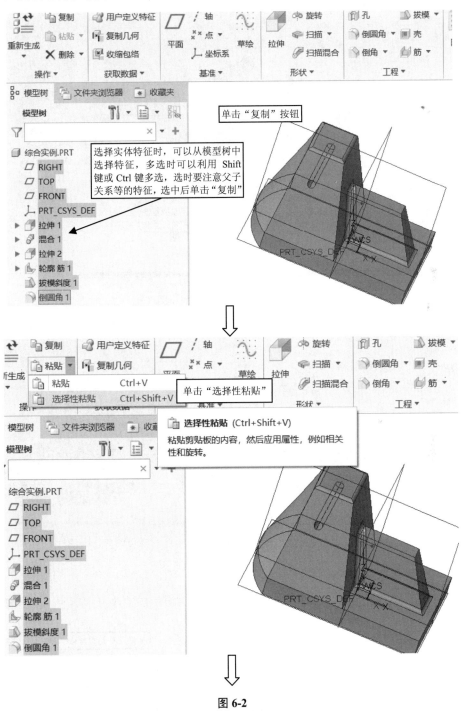

图 6-2

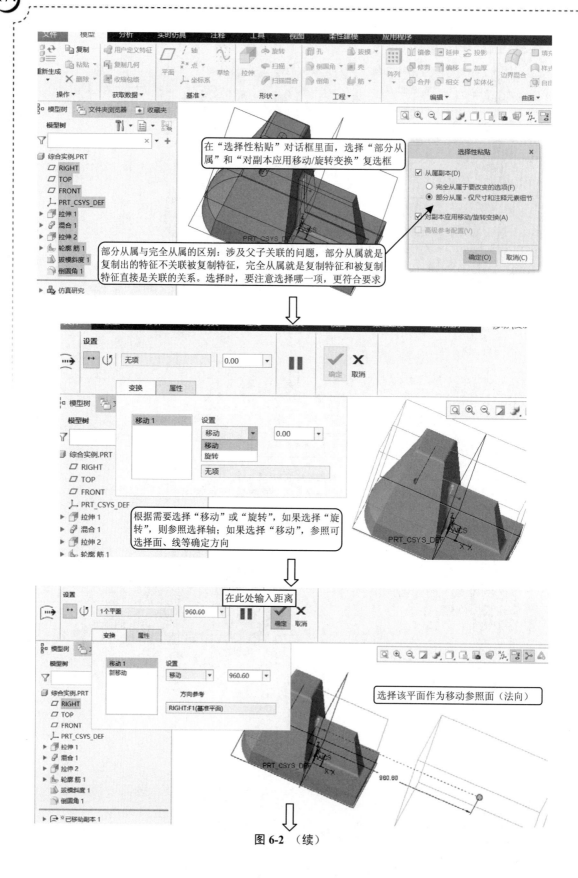

在"选择性粘贴"对话框里面，选择"部分从属"和"对副本应用移动/旋转变换"复选框

部分从属与完全从属的区别：涉及父子关联的问题，部分从属就是复制出的特征不关联被复制特征，完全从属就是复制特征和被复制特征直接是关联的关系。选择时，要注意选择哪一项，更符合要求

根据需要选择"移动"或"旋转"，如果选择"旋转"，则参照选择轴；如果选择"移动"，参照可选择面、线等确定方向

在此处输入距离

选择该平面作为移动参照面（法向）

图 6-2 （续）

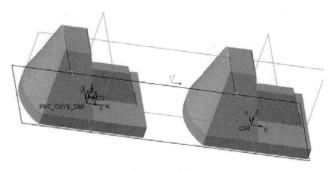

图 6-2　（续）

6.2　镜　像　特　征

镜像是实现对称特征的创建，可以较快地将简单的零件镜像成为较复杂的零件，是对称零件最快速创建的方法。选择要镜像的特征，再单击 ▯◖ 镜像即可进入镜像环境。具体见图 6-3。

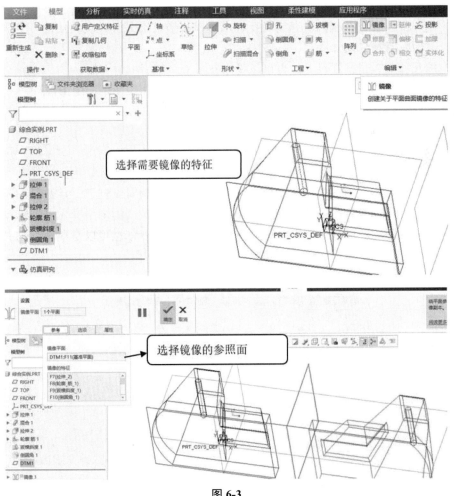

图 6-3

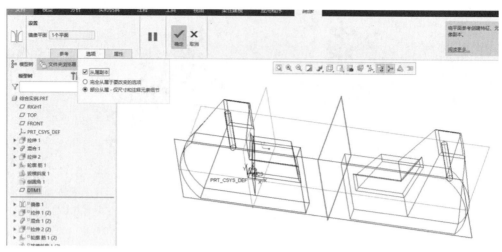

图 6-3　（续）

6.3　阵　列　特　征

阵列是一种由参数控制的快速定义特征，这些参数可以是阵列实例数目、实例之间的距离，以及原始特征的尺寸等。

指定的尺寸可以是位置尺寸，也可以是形状尺寸，或者同时使用。

变化规律可以是尺寸的变化规律，也可以是参照的变化规律，即随形阵列。

特征可以复制、镜像、移动阵列（甚至阵列阵列），但选取时必须选上整个阵列而不是某一特征成员。

6.3.1　尺寸阵列

尺寸阵列指可以在指定的一个或两个方向上通过尺寸增量来创建一定数量的阵列成员。

创建"尺寸"阵列时，可选取特征尺寸，并指定这些尺寸的增量变化以及阵列中的特征实例数。"尺寸"阵列可以是单向阵列（如孔的线性阵列），也可以是双向阵列（如孔的矩形阵列）。换句话说，双向阵列将实例放置在行和列中。

根据所选取的要更改的尺寸，阵列可以是线性的或角度的，见图 6-4。

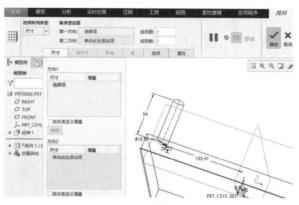

图 6-4

单向阵列，见图 6-5。

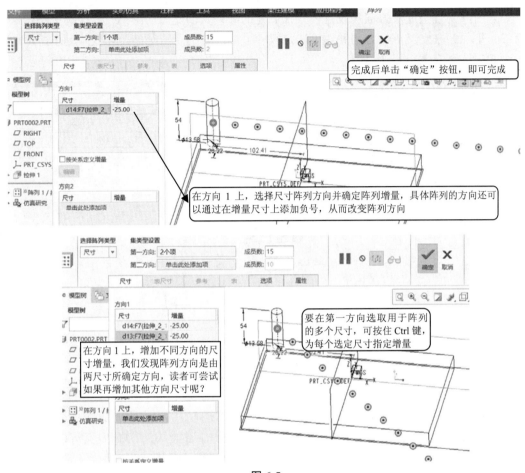

图 6-5

双向阵列，见图 6-6。

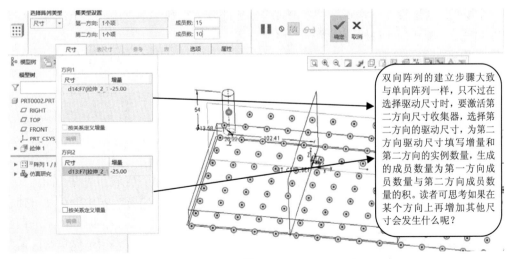

图 6-6

6.3.2　方向阵列

　　方向阵列是指通过方向和设置参数来创建的阵列。创建方向阵列时，应选择参照（如直线、平面）来定义阵列方向并明确选定尺寸方向的阵列子特征间距以及阵列子特征数，见图 6-7。

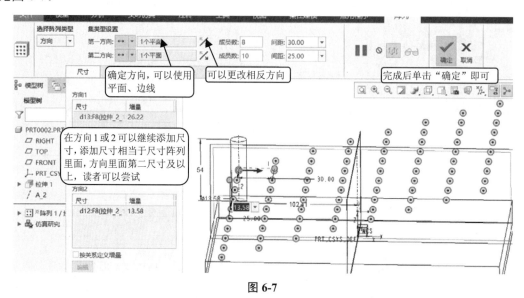

图 6-7

　　在图 6-7 中，方向阵列中的尺寸与尺寸阵列中的选取尺寸的意义是有区别的，在方向阵列中，尺寸都是在某一方向的变化增量；而尺寸阵列中的方向框中第一个选择的尺寸是指方向；另外一方面，也可以理解为方向阵列中选择的方向（方向定义可以以面的法向、直线的方向或两点连线的方向）与尺寸阵列中两方向框中选择的尺寸意义是一致的。

6.3.3　轴阵列

　　轴阵列是通过设置角增量、径向增量来创建的阵列特征。通过围绕一个选定轴旋转特征创建阵列。轴阵列允许用户在两个方向上放置成员：

- 角度（第一方向）：阵列成员绕轴线旋转。默认轴阵列按逆时针方向等间距放置成员。
- 径向（第二方向）：阵列成员被添加在径向方向上。

轴向阵列创建方式见图 6-8。

6.3.4　填充阵列

　　填充阵列是根据用户预先定义的栅格模板及栅格方向、填充区域和成员的间距等参数而创建的阵列特征。使用填充阵列可在指定的区域内创建阵列特征。指定的区域可通过草绘一个区域或选择一条草绘的基准曲线来构成该区域。应该说明的是，草绘的基准曲线与阵列特征没有联系，在以后修改该曲线时，它对阵列特征无影响。使用填充草绘区域的方法，则可通过曲线网格来定位阵列特征的成员，具体见图 6-9。

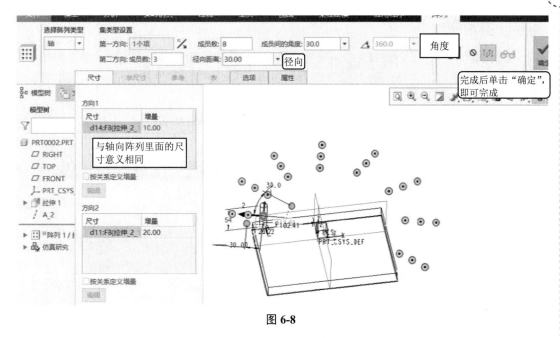

图 6-8

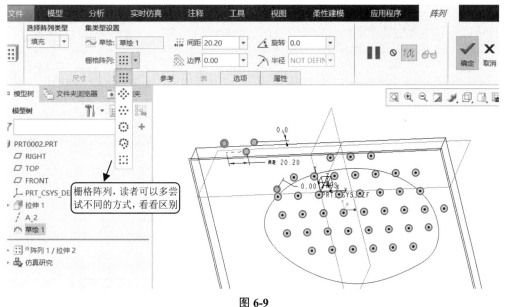

图 6-9

在"图"选项卡中部分标识指示的意义如下。

草绘：是指选择填充阵列的填充范围参照，通常是一个草绘，如果选择已经存在的草绘，需要在阵列特征之前，已经有草绘图形存在。

栅格阵列：指设置填充阵列的填充方法。

间距：指设置填充阵列成员两两之间的间隔。

边界：指设置阵列成员距离填充边界的最小值。

旋转：指设置阵列成员绕栅格原点的旋转角度。

半径：指当填充方法为圆形或螺旋形时的径向距离。

6.3.5 表阵列

使用表阵列工具可创建复杂的、不规则的特征阵列或组阵列。在阵列表中可对每一个子特征单独定义，而且可以随时修改该表。在装配模式时可以使用阵列表阵列装配特征或零件，见图 6-10。

注意：阵列表不是家族表，除非被解除阵列，否则每一个阵列的子特征不是独立的特征。

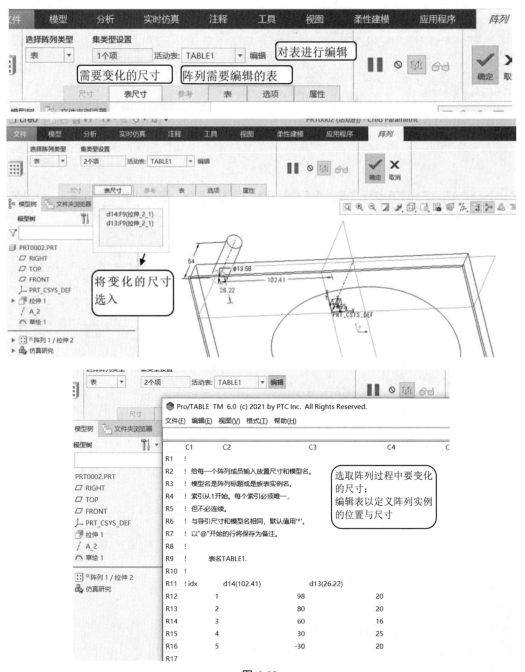

图 6-10

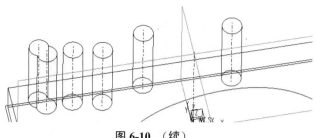

图 6-10　（续）

6.3.6　参照阵列

当模型中已存在一个阵列时，可创建针对该阵列的一个参照阵列，创建的参照阵列数目与原阵列数目一致。

注意：要创建参照阵列特征，模型中必须存在阵列特征，方可使用"参照"类型阵列新特征。并不是任何特征都可建立参照阵列，只有要创建阵列特征的参照与要参照的阵列特征的参照相一致才可以，如同轴孔、阵列孔的圆角、倒角等特征均可建立参照阵列。

具体步骤方式见图 6-11。

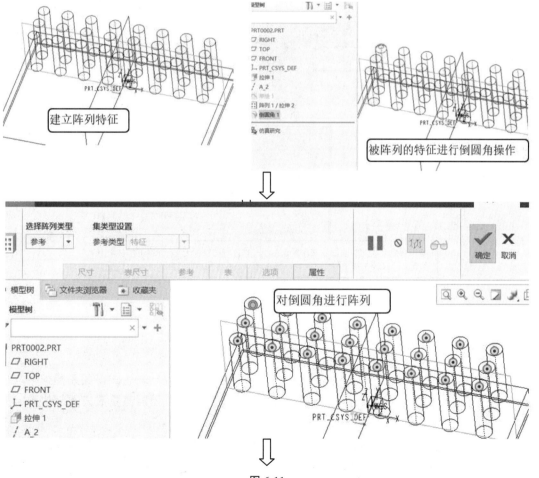

图 6-11

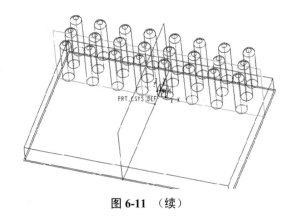

图 6-11 （续）

6.3.7 曲线阵列

曲线阵列可以创建沿着指定曲线均匀分布的阵列。虽然用尺寸阵列也可以做曲线阵列，但相对来说，步骤稍微复杂一点，需要一些参照来确定阵列导引在曲线上的位置。详见图 6-12。

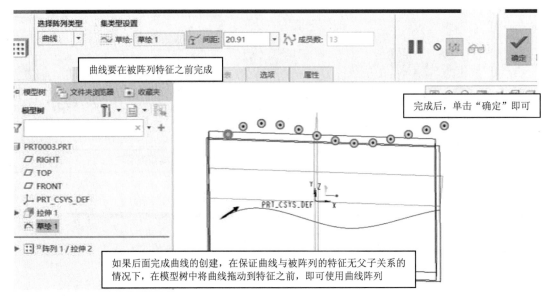

图 6-12

6.4 关系式的创建

关系（参数关系）式是用户定义符号尺寸和参数之间的数学表达式。关系捕捉特征之间或装配元件之间的设计联系，可利用参数来控制尺寸大小，还可在参数之间创建数学关系式，更有利于整体设计、协同处理和优化设计。

- 提示：在 Creo 中，关系式主要用于特殊的参数化设计，在建立关系式之前要先定义参数。通过参数与数学表达式的配合来完成关系式的创建。

关系式的创建方法举例见图 6-13。

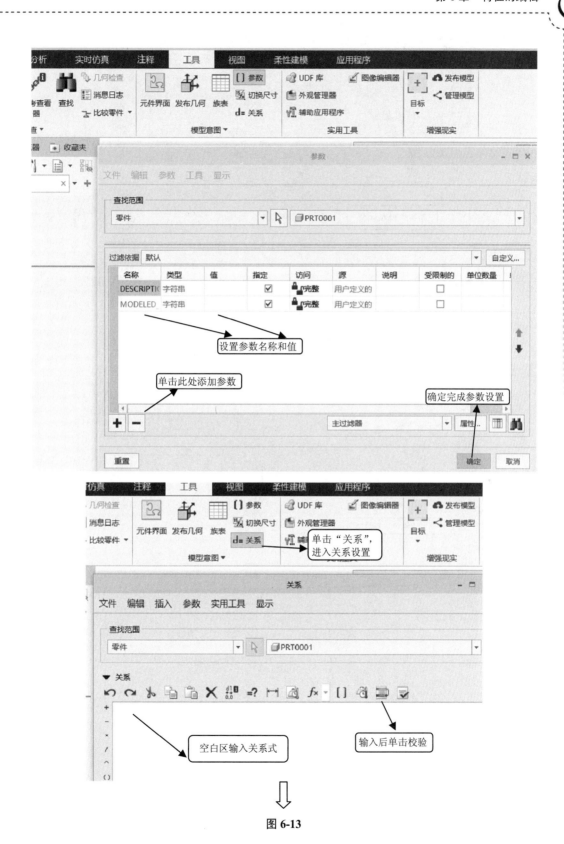

图 6-13

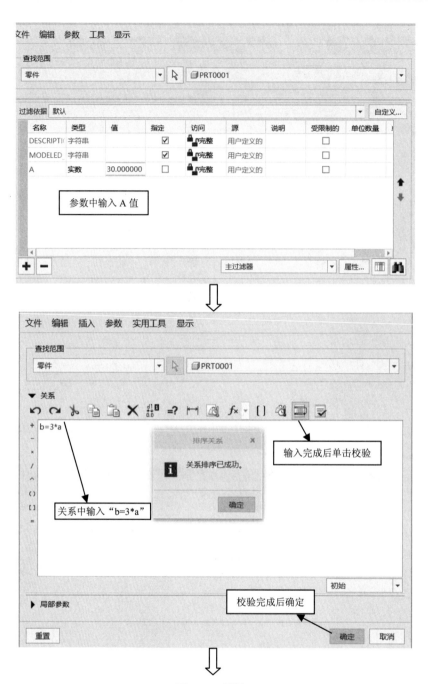

图 6-13 （续）

绘制两圆，添加参数和关系式。

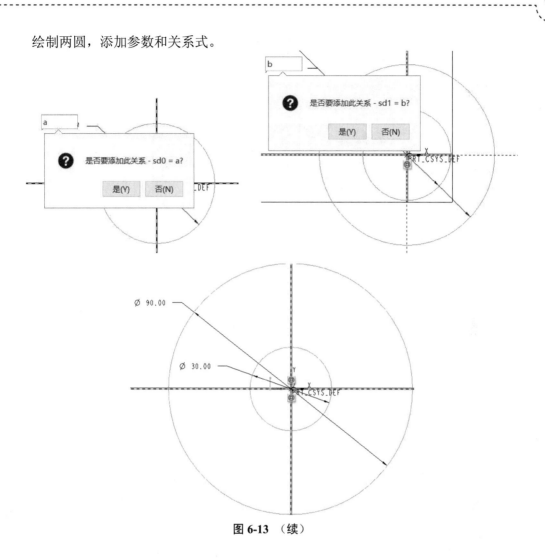

图 6-13　（续）

6.5　综合实例——斜齿轮的绘制

斜齿轮（图 6-14）的绘制是一个涉及面很广的综合实例，在绘制时要注意细节，绘制方法如图 6-15～图 6-30 所示。

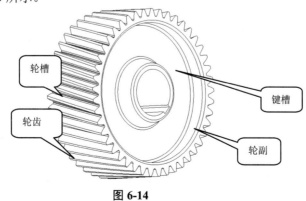

图 6-14

建模思路：草绘出齿轮的轮槽外形，构建出齿轮的圆柱主体形状，使用扫描混合切割出轮齿的形状，最后进行齿轮副的修饰。

建模过程：

（1）进入零件模块后单击工具下参数，弹出如图 6-15 所示的对话框，并输入参数。

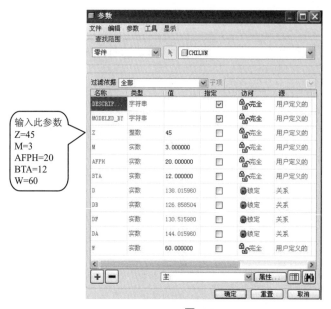

图 6-15

（2）单击对话框中的 ➕ 按钮添加参数，然后向表格中输入如图 6-15 所示的参数，其中的 D、DB、DF、DA 几项参数先不要输入，留下空白，这几项参数将由关系式来确定。如果参数错误或是有多余的参数可以单击 ➖ 按钮删除。

（3）单击 d= 关系 按钮弹出如图 6-16 所示的对话框，并按照图示步骤填写、验证、确认。

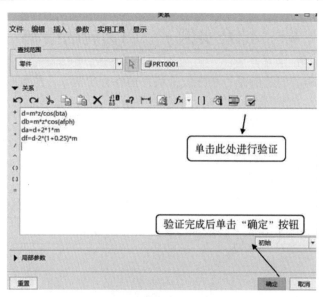

图 6-16

（4）在模型树中单击 FRONT 面进行草绘，草绘出四个圆，双击圆的尺寸标注依次输入 D、DB、DF、DA，确定四个圆的直径，如图 6-17 所示。

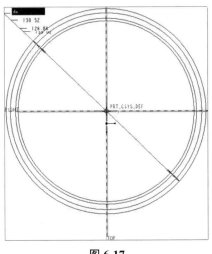

图 6-17

（5）草绘完成后插入基准曲线（从方程输入渐开线），见图 6-18。

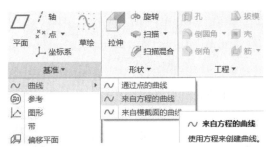

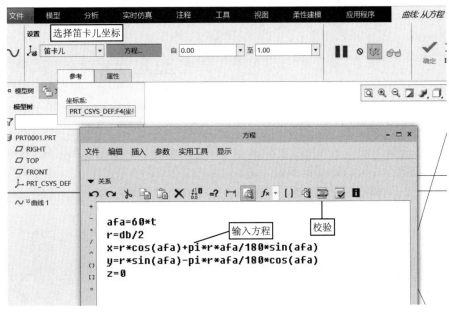

```
afa=60*t
r=db/2
x=r*cos(afa)+pi*r*afa/180*sin(afa)
y=r*sin(afa)-pi*r*afa/180*cos(afa)
z=0
```

图 6-18

（6）输入完成后单击"文件"|"保存"，退出后单击"确定"按钮。

（7）曲线创建完毕后，单击 ⫽ 按钮，按 Ctrl 键同时选择 TOP 面与 RIGHT 面创建基准轴，如图 6-19 所示。

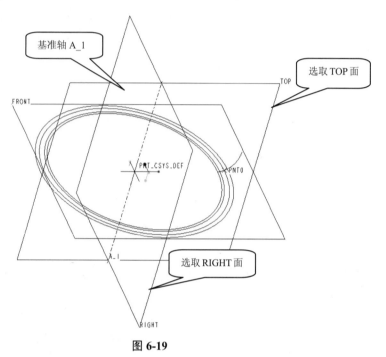

图 6-19

（8）单击 ⁑ 按钮，按 Ctrl 键同时选择曲线与分度圆轮廓线，如图 6-20 所示。

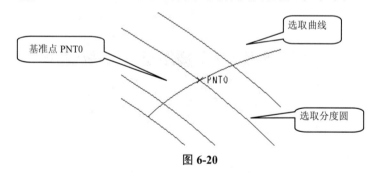

图 6-20

（9）创建完基准面与基准点之后单击 ⬚ 按钮，按 Ctrl 键同时选择基准点 PNT0 与基准轴 A_1 创建基准面 DTM1，如图 6-21 所示。

（10）单击 ⬚ 按钮，按 Ctrl 键同时选择基准面 DTM1 与基准轴 A_1，在弹出的对话中输入偏移角度为"90/z"创建基准面 DTM2，如图 6-22 所示。

（11）创建完基准面 DTM2 之后单击曲线，单击 ⫽⫽镜像 按钮，选取基准面 DTM2 后确定。创建出如图 6-23 所示的视图。

（12）单击 FRONT 面进入草绘，使用 ⬚ 投影 工具依次选择齿顶圆 da、齿根圆 df、两条轮廓线，将不需要的线条去除，草绘出齿槽的形状，注意图形要封闭，且不能多线，如图 6-24 所示。

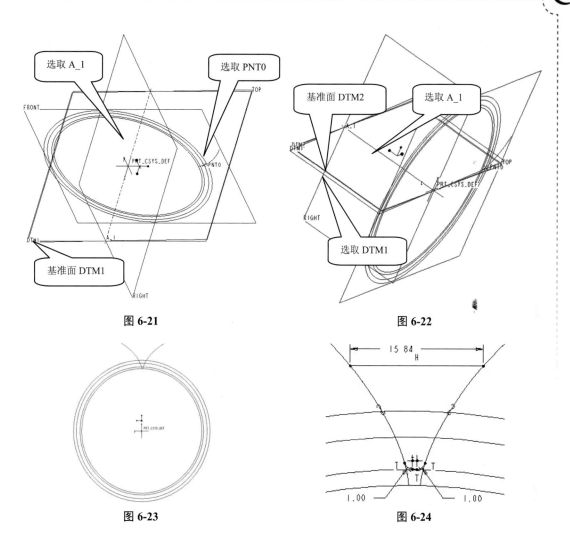

图 6-21　　　　　　　　　　　　　　　　图 6-22

图 6-23　　　　　　　　　　　　　　　　图 6-24

（13）选择刚才创建好的草绘，单击"复制"，再单击"选择性粘贴"，并在出现的"选择性粘贴"对话框中，将移动 1 和移动 2 按照要求填好并确认，过程见图 6-25。

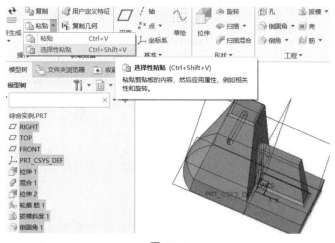

图 6-25

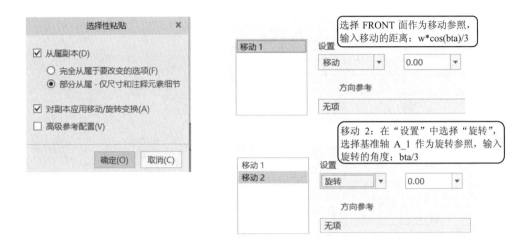

图 6-25 （续）

（14）选择刚才创建的副本，重复以上操作两次，创建出如图 6-26 所示的四个截面。

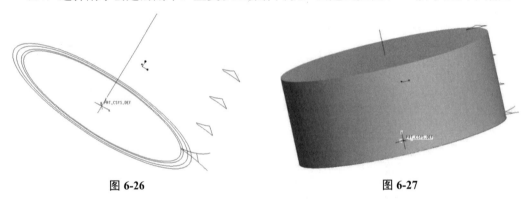

图 6-26   图 6-27

（15）单击 FRONT 面进行草绘，草绘出直径为 da 的圆，之后拉伸实体，拉伸到与第
四个平面齐平的高度。

（16）单击 RIGHT 面或是 TOP 面草绘出一段竖直的轨迹线。

（17）单击"扫描混合"弹出如图 6-28 所示的对话框，选择刚才创建的轨迹，在下拉
菜单中选择"所选截面"，选择最初的草绘截面，再单击"插入"，依次选择其他三个界面，
见图 6-29。

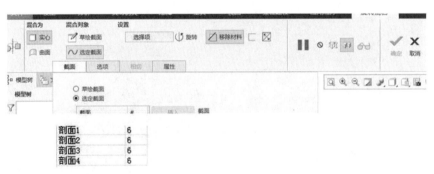

图 6-28

（18）定义完成后，单击"确定"按钮，选择刚才创建的齿槽，单击"阵列"命令，选择轴阵列，选择基准轴 A_1 作为阵列参考轴，在"个数"栏中输入 45，完成后如图 6-30 所示。

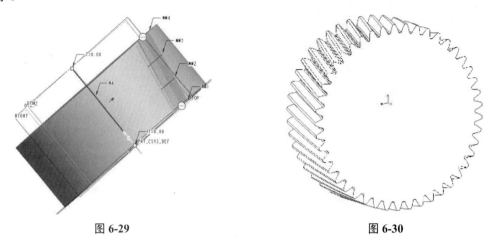

图 6-29　　　　　　　　　　　　　　图 6-30

齿轮副的创建比较简单，在此就不再赘述，希望读者可以自己完成。

习　题

1. 绘制如图 6-31 所示图形。

图 6-31

2. 绘制如图 6-32 所示图形。

图 6-32

第 7 章

曲 面 特 征

7.1 曲面设计概述

    曲面是三维造型中创建模型的一种重要手段，先创建出具有流畅外形的曲面，再由曲面转换成实体，从而形成产品。从几何意义上讲，曲面模型与实体模型所表达的结果是完全一致的，通常情况下可交替地使用实体和曲面特征来提高建模的效率。Creo 提供了高级曲面设计功能和各种曲面编辑功能，可以方便地设计高质量的曲面。另外，系统还具有更自由的造型曲面设计功能，可以使用功能强大的自由曲线和自由曲面设计，直观地将曲面调整到最佳状态。本章主要介绍曲面特征的基本概念，基础曲面和高级曲面的创建方法，合并、修剪和实体化等编辑曲面的方法，以及造型曲面创建和编辑方法等。

7.2 创 建 曲 面

7.2.1 创建拉伸曲面

    使用拉伸工具可以创建拉伸曲面，具体步骤见图 7-1～图 7-4。

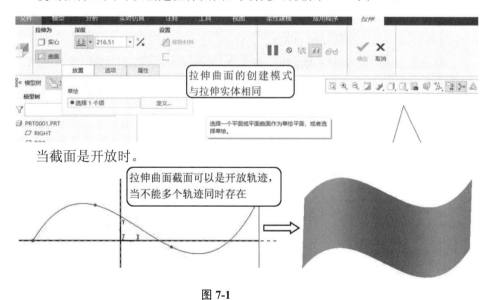

图 7-1

当截面是闭合时。

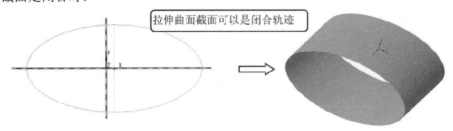

图 7-1（续）

当截面闭合，两侧为封闭端且添加锥度时。

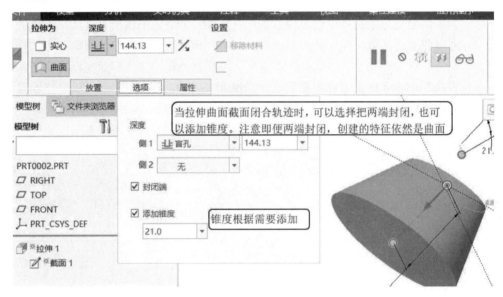

图 7-2

使用拉伸曲面命令剪切曲面时。

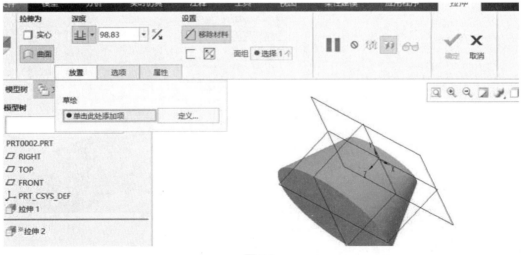

图 7-3

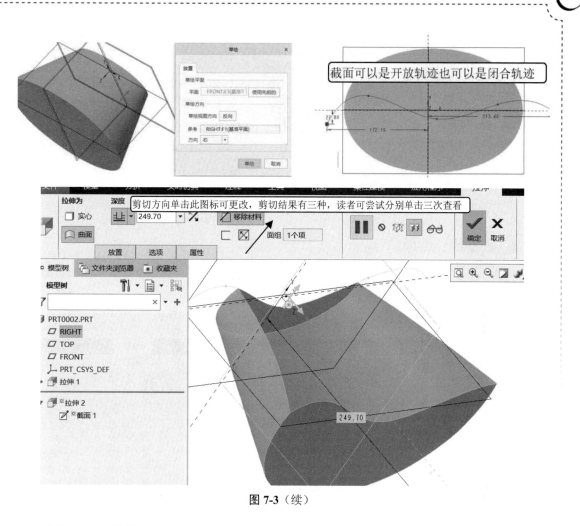

图 7-3（续）

当有厚度时的剪切。

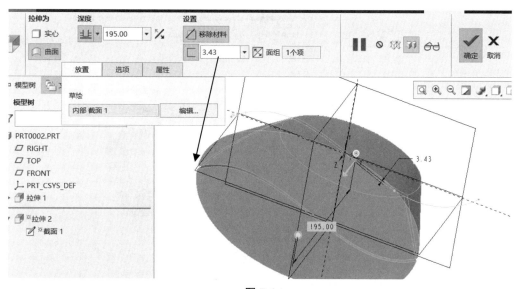

图 7-4

> 拉伸曲面特征也可以用来修剪已经存在的曲面或实体，单击"去除材料"按钮，选取一个已经存在的曲面，单击"加厚草绘"按钮，在出现的文本框中输入厚度值（修剪的宽度），最后单击"应用"按钮确认

图 7-4　（续）

7.2.2　创建旋转曲面

旋转曲面特征就是将某一截面图形绕着某个中心轴旋转一定角度（0°～360°）来生成曲面的方法。创建方法与使用旋转工具建立实体特征的操作基本相同（但曲面的截面可以是开放轨迹也可以是闭合轨迹），具体创建方法见图 7-5 和图 7-6。

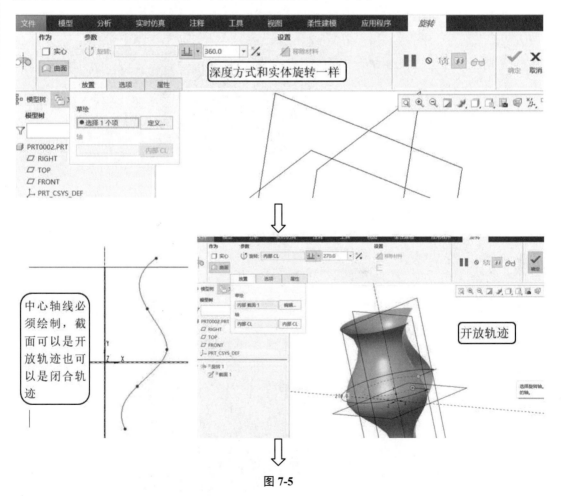

图 7-5

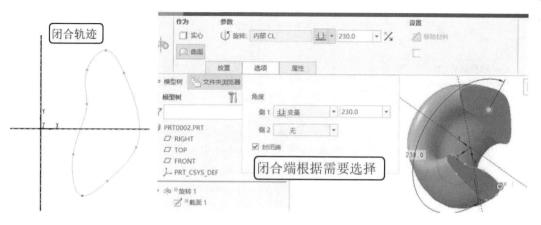

图 7-5 （续）

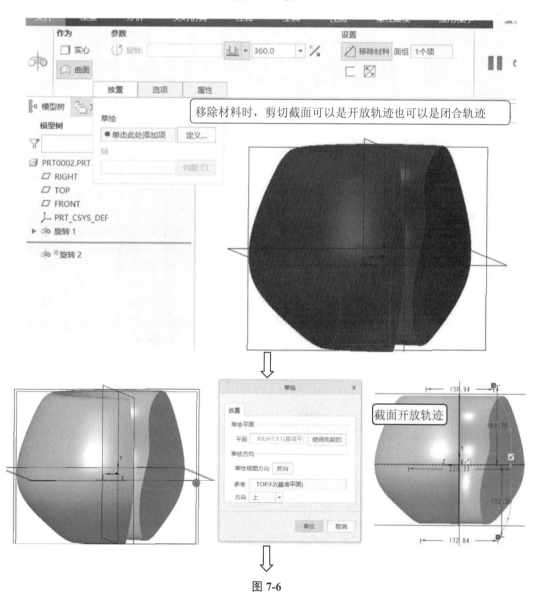

图 7-6

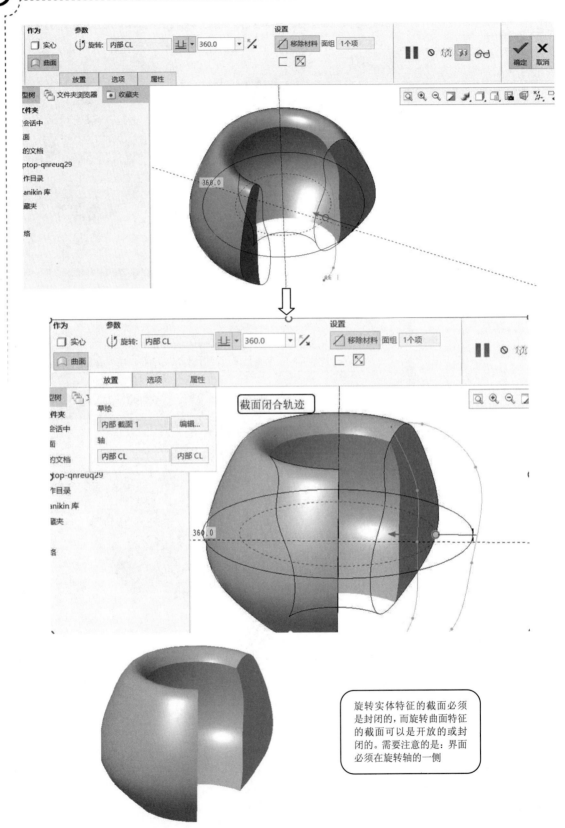

旋转实体特征的截面必须
是封闭的,而旋转曲面特征
的截面可以是开放的或封
闭的。需要注意的是:界面
必须在旋转轴的一侧

图 7-6 (续)

7.2.3　创建扫描曲面

扫描曲面特征就是截面沿着指定的轨迹运动，从而生成曲面特征的方法。

用户可以在操作过程中绘制扫描轨迹，也可以选取已有的曲面作为轨迹线，轨迹线可以是开放的，也可以是封闭的。

通过扫描的方式可以创建扫描曲面，步骤见图 7-7。

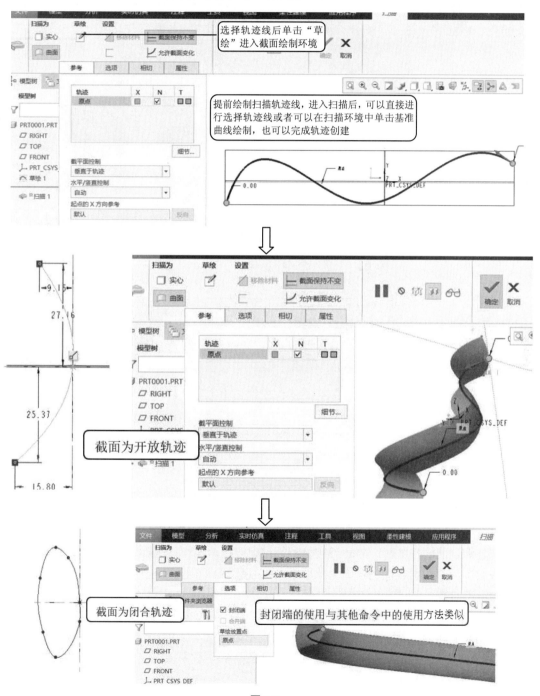

图 7-7

曲面扫描剪切操作方式类似，这里就不再赘述。

7.2.4 创建填充曲面

填充曲面是对一个封闭的草绘进行填充而创建的曲面，步骤见图 7-8。

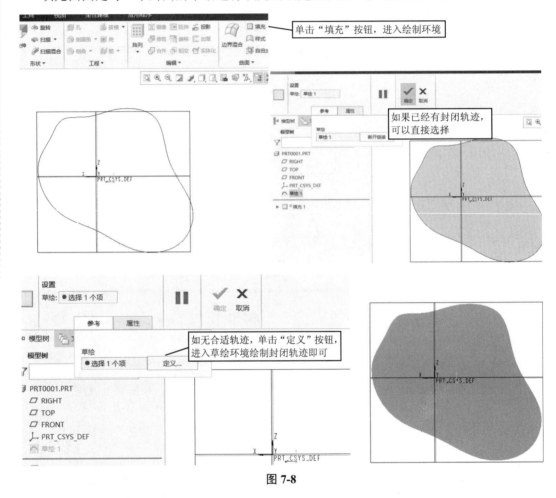

图 7-8

7.2.5 创建混合曲面特征

混合曲面特征是将多个截面图形混合而生成曲面特征的方法，与实体创建方法相同，下面进行简单说明。

创建混合曲面特征时（曲面与实体特征创建一致），所有的截面必须有相同的边数（如果各截面图形都是圆或椭圆，则无此要求）。如果边数不同，则使用"分割图元"工具增加截面图形的边数，见图 7-9。

混合截面绕 Y 轴旋转，最大角度可达 120°。每个截面都单独草绘并用截面坐标系对齐。创建旋转混合特征时，绘制每个截面图形之前必须先创建一个坐标系，其中，第一个截面图形的坐标系是基准坐标系，其他截面图形的坐标系要与之对齐，见图 7-10。

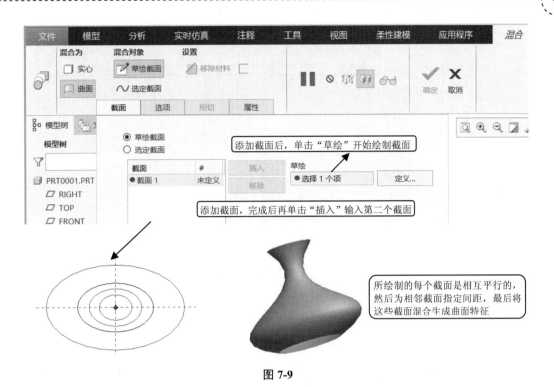

图 7-9

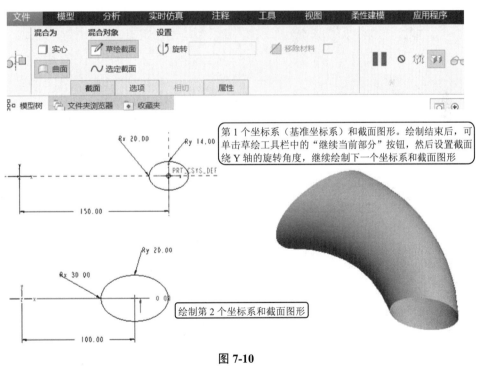

图 7-10

7.2.6　创建边界曲面特征

边界混合曲面特征是选择已有曲线为边界，混合生成曲面特征的方法。选择"边界混合"命令可以打开其控制面板，见图 7-11。

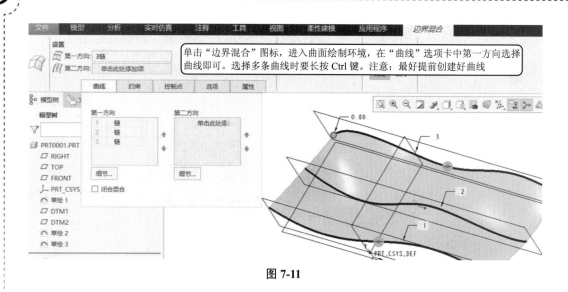

图 7-11

　　"曲线"上滑面板用来选取第一方向或/和第二方向上的曲线。单击"细节"按钮可以打开"链"对话框，用来添加、移除、更换已添加的曲线，见图 7-12。

　　选中"闭合混合"复选框，系统会用曲面直接将最后一条曲线和第一条曲线连接起来，构成闭合的曲面特征，见图 7-13。

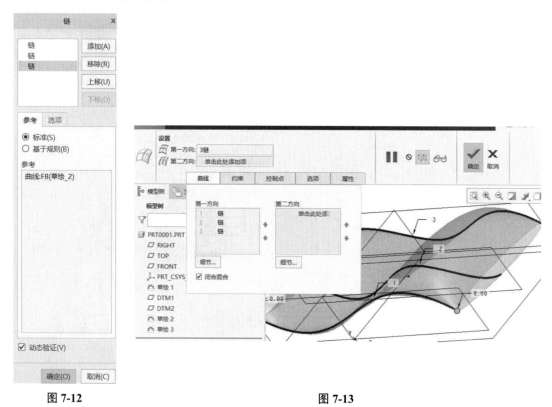

图 7-12　　　　　　　　　　　　　　　　　图 7-13

　　"约束"上滑面板用来对曲面的边界进行设置，用来创建与其他曲面相关的曲面。边界条件包括"自由""相切""曲率"和"垂直"，见图 7-14。

使用"选项"上滑面板可以添加拟合曲线，设置相关参数，调整曲面的形状。"平滑度"因子用来控制曲面的平滑程度。"在方向上的曲面片"的片数影响曲面的精度，见图 7-15。

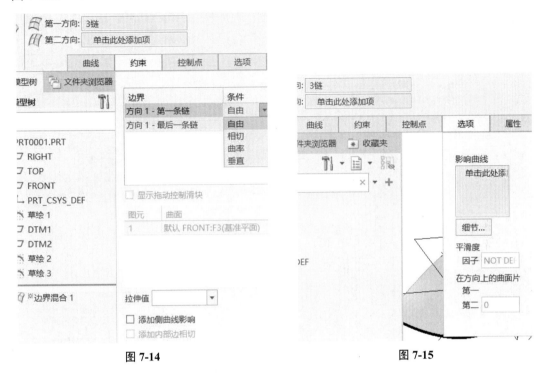

图 7-14　　　　　　　　　　　　　　　　图 7-15

在"控制点"上滑面板中，可以设置同一个方向上的曲线之间的连接方式，如通过点连接、通过弧线连接等，见图 7-16。

图 7-16

使用边界混合工具，可以在一个方向上选取参照以建立曲面，也可以在两个方向上选取参照来建立曲面，见图 7-17。

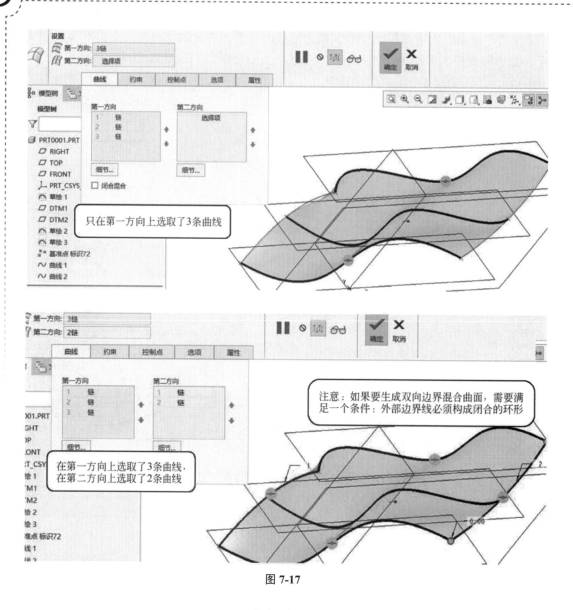

图 7-17

7.3　编辑曲面特征

7.3.1　偏移曲面

偏移曲面就是将某个曲面延伸一定距离，生成一个新曲面的操作。

选中某个曲面后，单击 偏移可以打开"偏移工具"控制面板，见图 7-18。

图 7-18

"参考"上滑面板中包含一个"偏移曲面"收集器，用来添加或删除偏移曲面，见图 7-19。

图 7-19

在"选项"上滑面板中，可以指定偏移曲面的放置方式、添加/排除曲面、指定是否创建侧曲面等，见图 7-20。

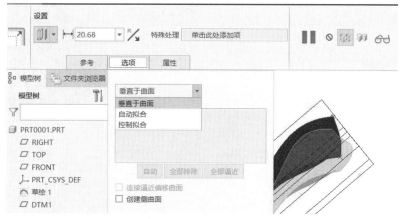

图 7-20

（1）标准偏移特征：将某个曲面按指定的方向和距离进行偏移，生成一个新曲面，见图 7-21。

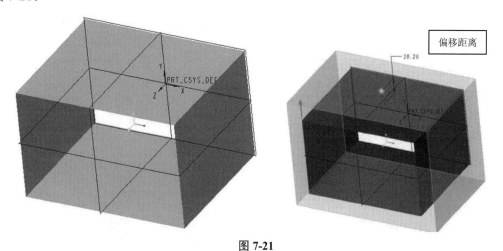

图 7-21

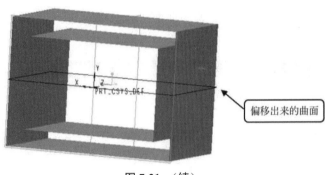

图 7-21 （续）

（2）具有拔模特征：偏移包括在草绘内部的面组或曲面区域，并拔模侧曲面。还可使用此选项创建直的或相切侧曲面轮廓，见图 7-22。

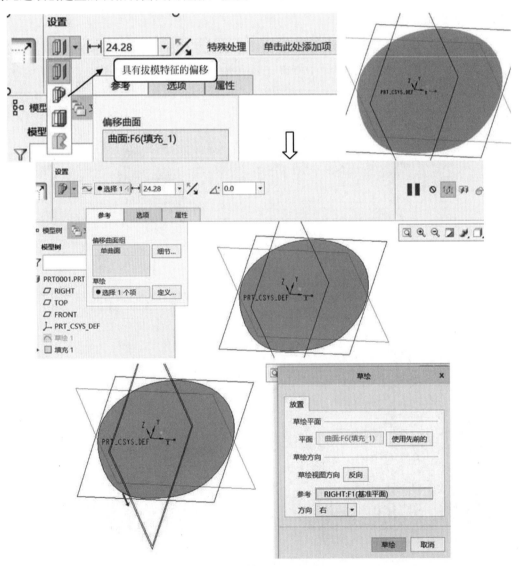

图 7-22

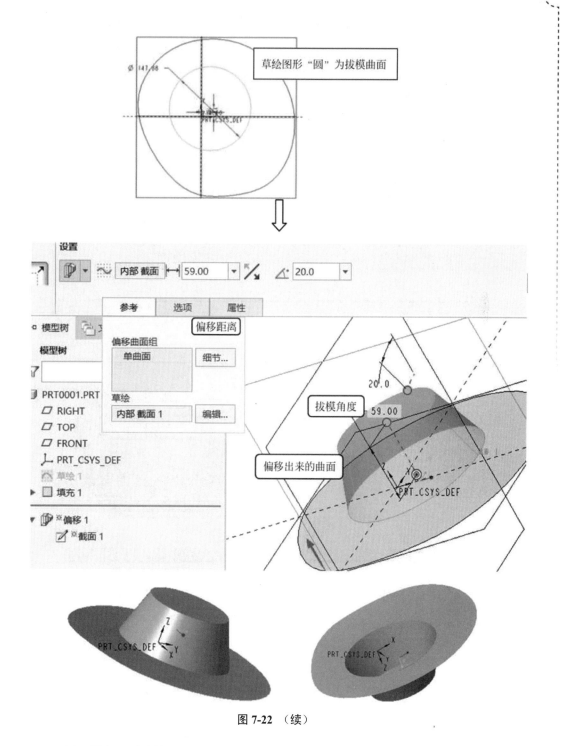

图 7-22　（续）

（3）展开特征：在封闭面组或实体选定面之间创建一个连续体积块。当使用"草绘区域"选项时，将在开放面组或实体曲面的选定面之间创建连续体积块，见图 7-23。

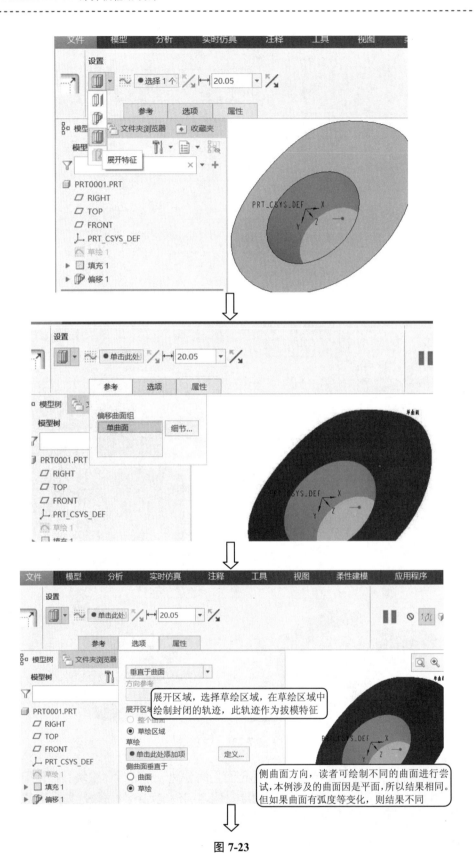

图 7-23

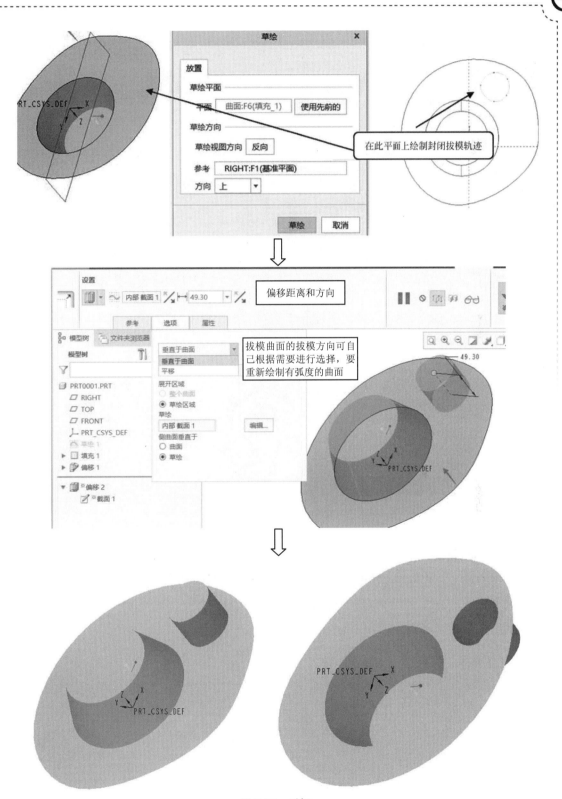

图 7-23 （续）

（4）替换曲面特征：使用一个曲面替换实体特征上的曲面，见图 7-24。

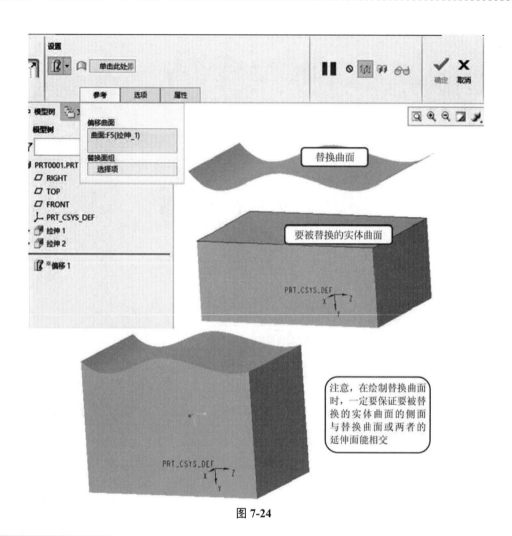

图 7-24

7.3.2 复制曲面

通过复制命令可以对选中的曲面进行复制。复制功能比较强大，如图 7-25 所示，根据选项模式不同，分为按原样复制所有曲面、排除曲面并填充孔、复制内部边界、取消修剪包络和取消修剪定义域。

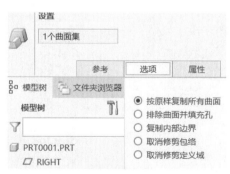

图 7-25

（1）按原样复制所有曲面，见图 7-26。

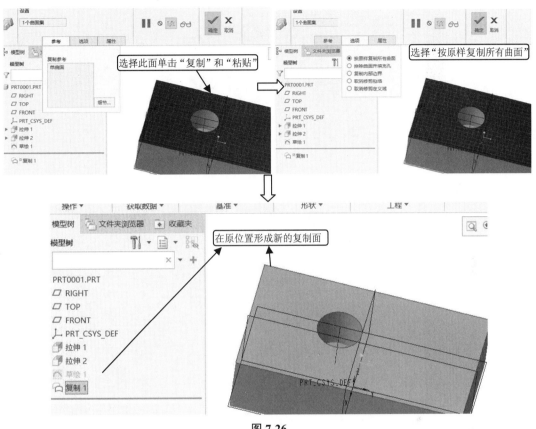

图 7-26

（2）排除曲面并填充孔，见图 7-27。

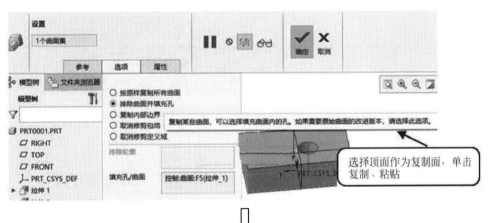

图 7-27

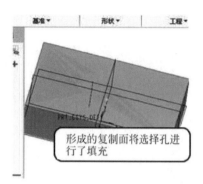

图 7-27 （续）

（3）复制内部边界，见图 7-28。

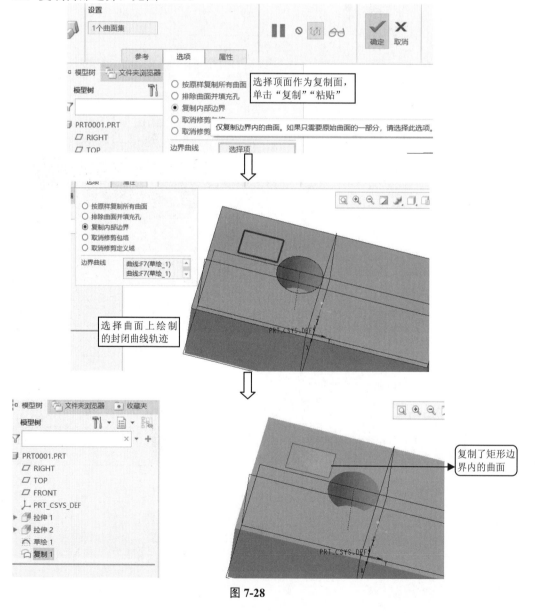

图 7-28

（4）取消修剪包络，见图 7-29。

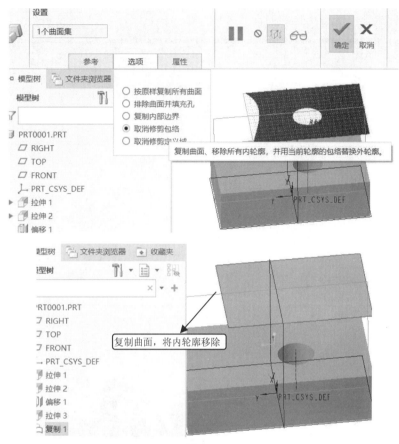

图 7-29

（5）取消修剪定义域，见图 7-30。

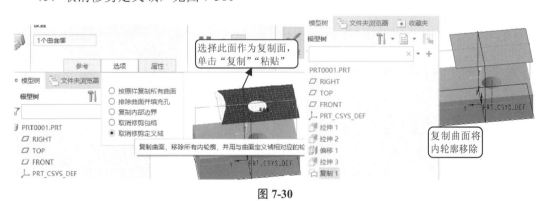

图 7-30

注意："复制""粘贴"命令相对复杂，需要建立不同的曲面进行练习，弄清楚不同选项之间的区别。

7.3.3 合并曲面

通过合并命令可以将相交的曲面合并为一个整体，见图 7-31。

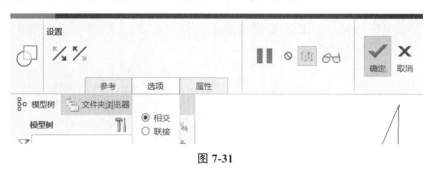

图 7-31

合并曲面就是将两个曲面合并处理成一个曲面的操作。按住 Ctrl 键，选中两个要合并的曲面，单击 合并，打开"合并工具"控制面板。合并曲面的方式包括"求交"和"连接"两种。

（1）求交：合并两个相交的曲面，并可以指定要保留下来的部分，见图 7-32。

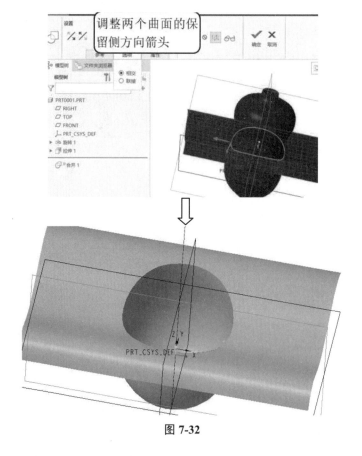

图 7-32

（2）连接：合并两个相邻的曲面，要求一个曲面必须完全位于另一个曲面的一侧，见图 7-33。

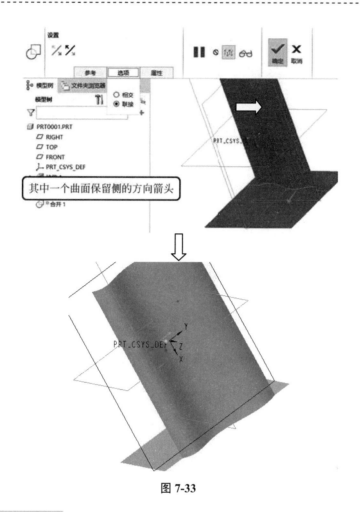

图 7-33

7.3.4　修剪曲面特征

修剪曲面就是利用曲面上的曲线、与曲面相交的其他平面或曲面对自身进行修剪的操作。选中要修剪的曲面，单击 修剪 可以打开"修剪工具"控制面板，自身曲面称作"修剪的面组"，选取的曲线、平面或曲面称作"修剪对象"，见图 7-34。

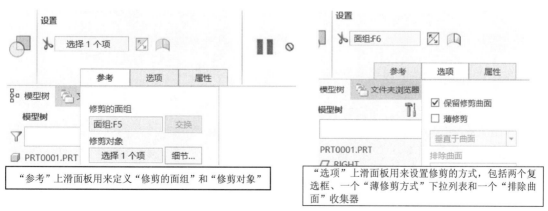

图 7-34

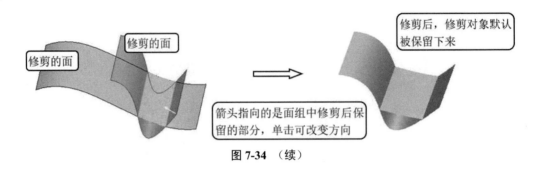

图 7-34 （续）

　　"薄修剪"指使用薄板的方式修剪截面，可以在后面的文本框中指定薄板的厚度。薄修剪包括"垂直于曲面""自动拟合""控制拟合"三种方式，见图 7-35。

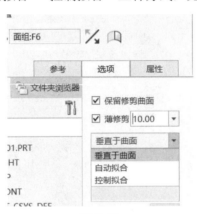

图 7-35

　　（1）"垂直于曲面"指沿曲面的垂直方向增加修剪厚度，见图 7-36。

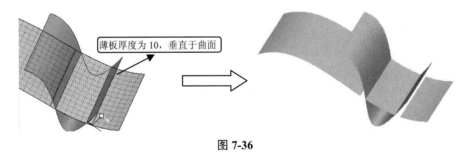

图 7-36

　　（2）"自动拟合"指系统自动分配 3 个坐标系方向的修剪厚度，见图 7-37。

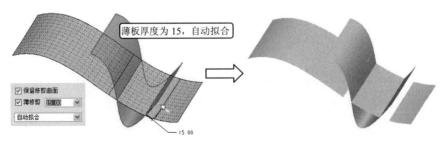

图 7-37

（3）"控制拟合"指选取坐标系并指定偏移方向，见图 7-38。

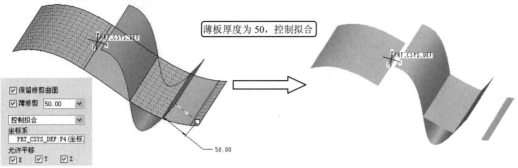

图 7-38

7.3.5　延伸曲面特征

延伸曲面就是将曲面延长一定的距离或者延长到某个平面，形成新的曲面。单击要延伸的曲面，在曲面上选取一条边，然后单击 ⊡延伸 进入延伸界面，具体方法见图 7-39～图 7-42。

图 7-39

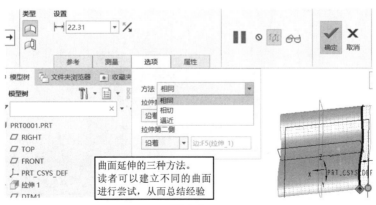

图 7-40

图 7-41

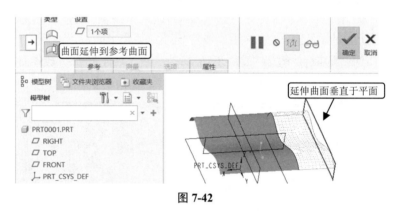

图 7-42

7.3.6 加厚

加厚是给曲面或面组添加厚度，则添加厚度的曲面或面组就转换为实体。

具体方法为：选择需要加厚的曲面或面组，单击 加厚，进入加厚界面，见图 7-43

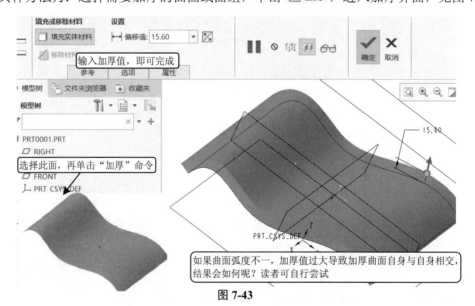

图 7-43

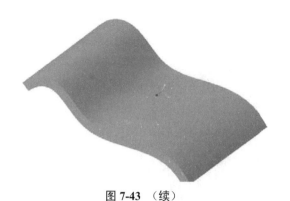

图 7-43　（续）

和图 7-44。

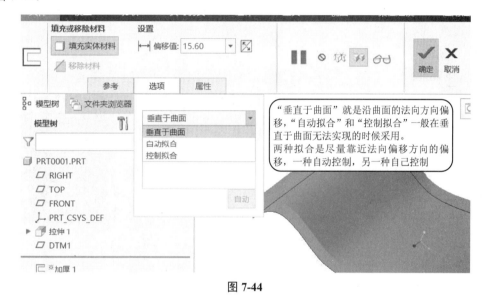

图 7-44

7.3.7　实体化曲面

实体化曲面是将封闭的曲面体转换为实体，或者利用曲面实体化，实现曲面对实体的剪切。具体步骤见图 7-45。首先建立一个封闭实体，借此，我们将对"曲面合并"命令进行复习。

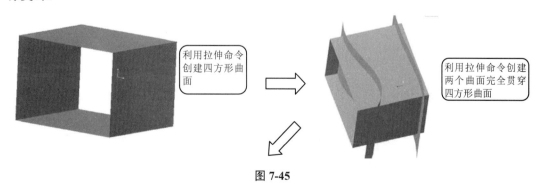

图 7-45

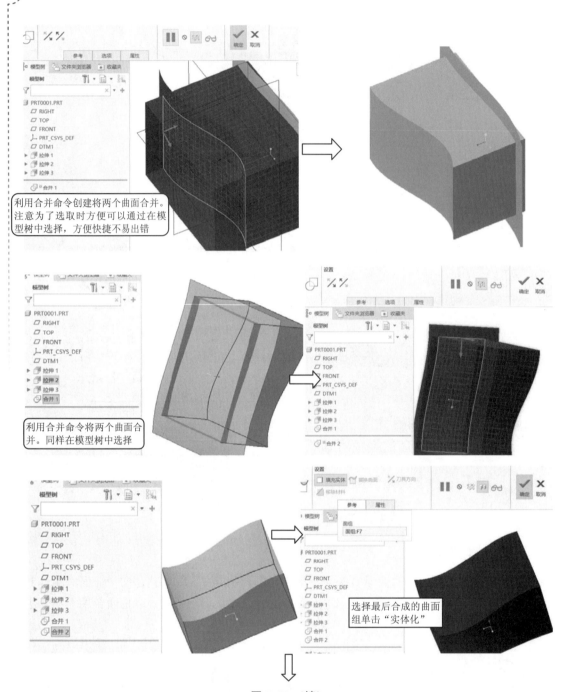

利用合并命令创建将两个曲面合并。注意为了选取时方便可以通过在模型树中选择，方便快捷不易出错

利用合并命令将两个曲面合并。同样在模型树中选择

选择最后合成的曲面组单击"实体化"

图 7-45 （续）

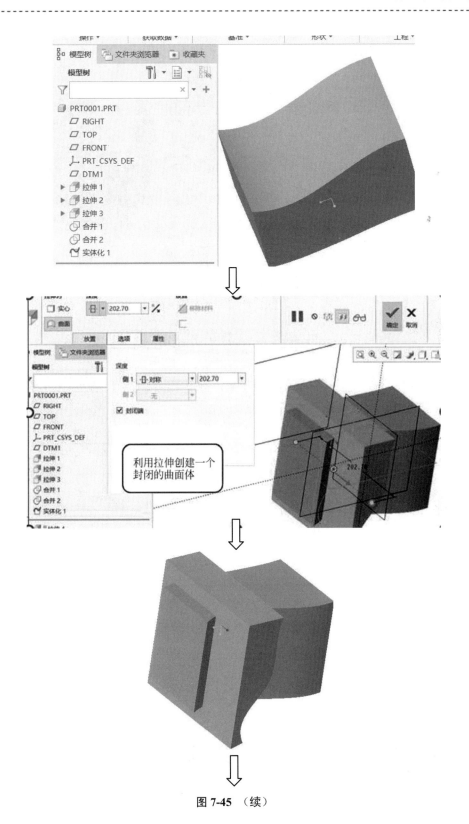

图 7-45 （续）

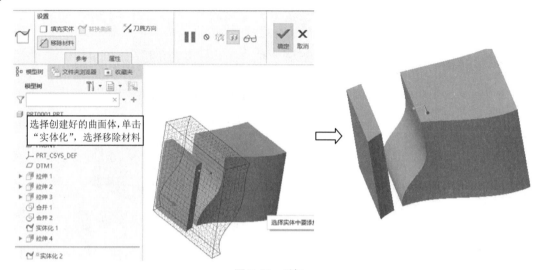

图 7-45 （续）

7.4 实例——钩子端部的绘制

在第 5 章中，已经完成了钩子实体的绘制，接下来继续对钩子端部进行绘制，从而完成钩子的完整实体，过程见图 7-46。

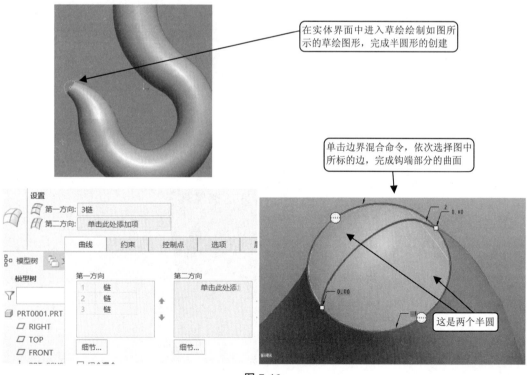

图 7-46

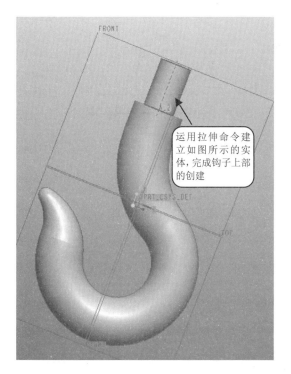

运用拉伸命令建立如图所示的实体,完成钩子上部的创建

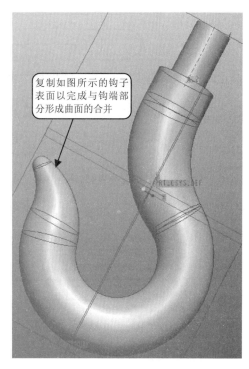

复制如图所示的钩子表面以完成与钩端部分形成曲面的合并

实体化模型,形成钩子的最终实体造型

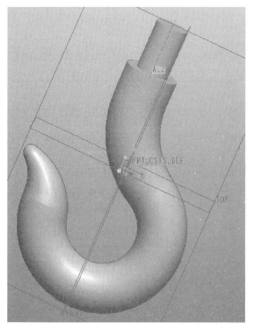

图 7-46　(续)

7.5　实例——模型的绘制 1

绘制如图 7-47 所示的模型。

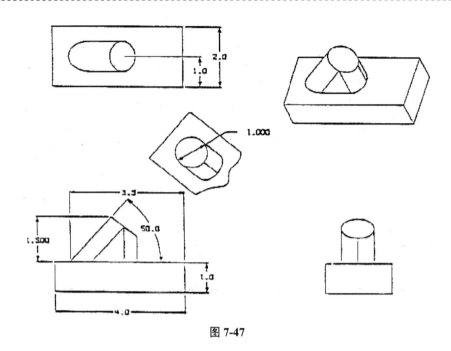

图 7-47

具体步骤见图 7-48。

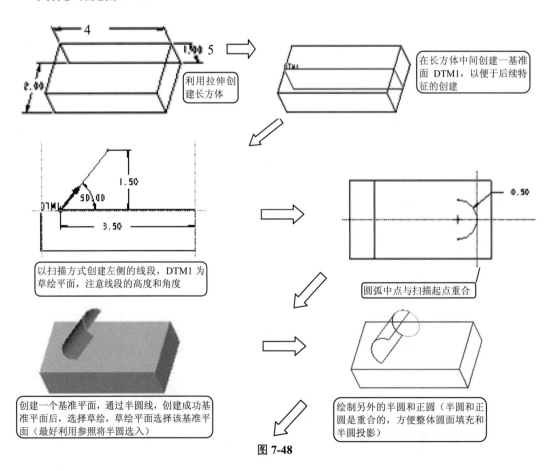

图 7-48

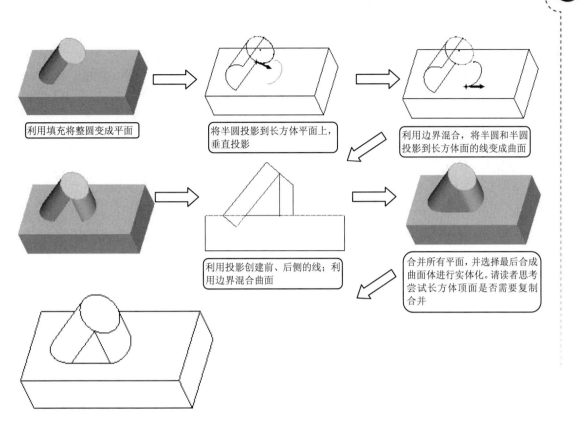

利用填充将整圆变成平面

将半圆投影到长方体平面上，垂直投影

利用边界混合，将半圆和半圆投影到长方体面的线变成曲面

利用投影创建前、后侧的线；利用边界混合曲面

合并所有平面，并选择最后合成曲面体进行实体化。请读者思考尝试长方体顶面是否需要复制合并

图 7-48 （续）

7.6　实例——模型的绘制 2

绘制如图 7-49 所示的模型。

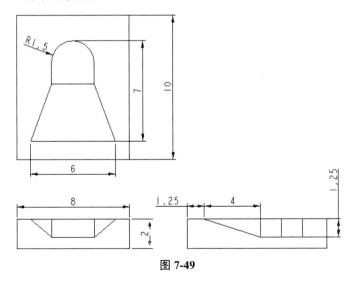

图 7-49

本题利用拉伸、曲面混合、曲面实体化完成，见图 7-50。

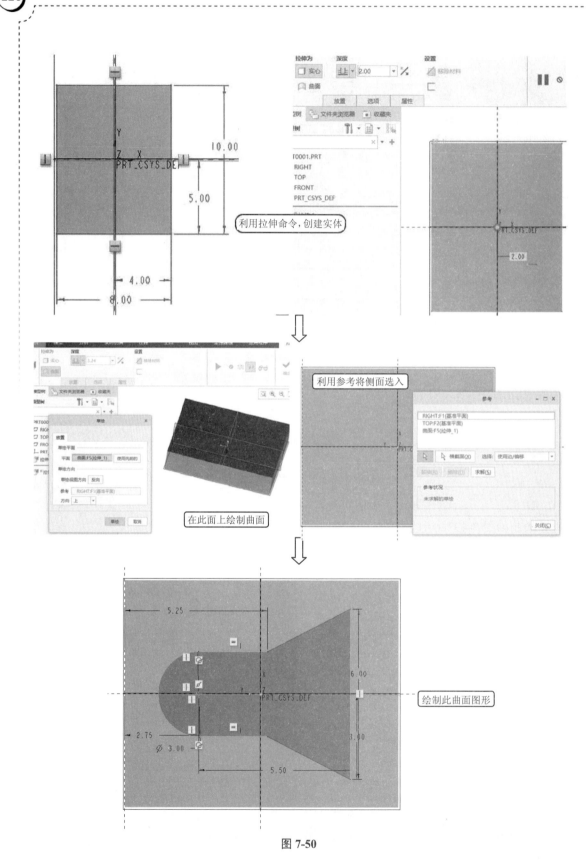

利用拉伸命令,创建实体

利用参考将侧面选入

在此面上绘制曲面

绘制此曲面图形

图 7-50

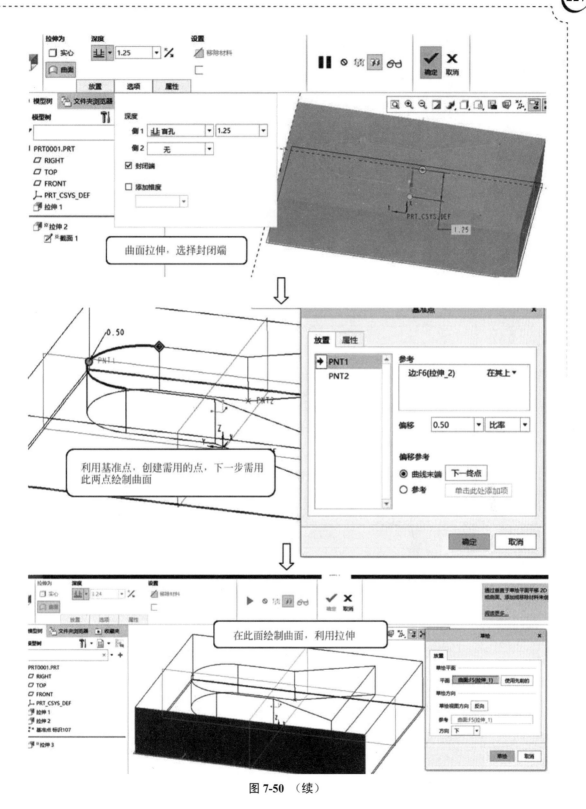

图 7-50 （续）

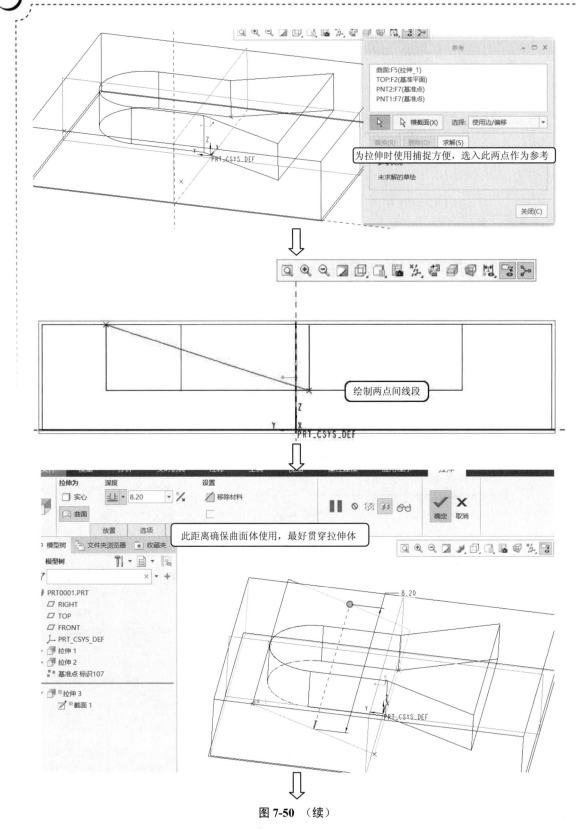

图 7-50 （续）

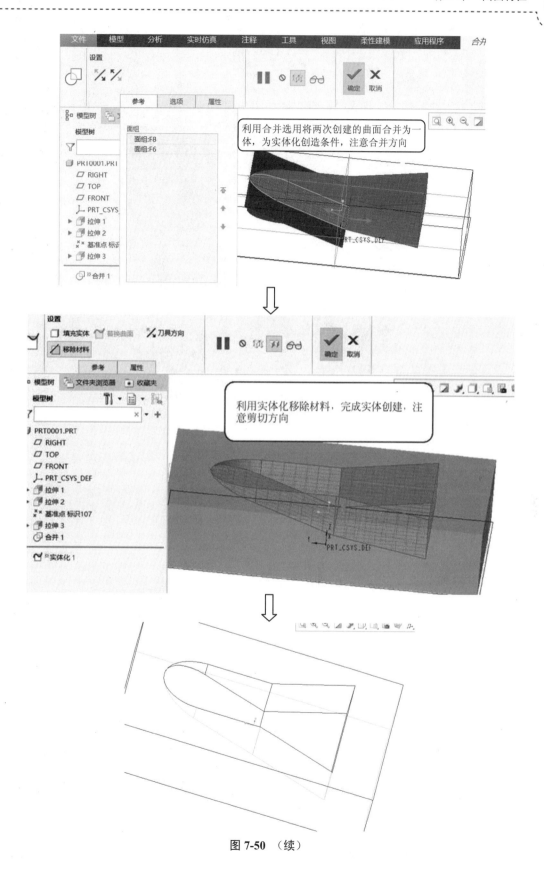

图 7-50　（续）

习 题

利用边界混合、剪切、抽壳等命令完成如图 7-51 所示实体。

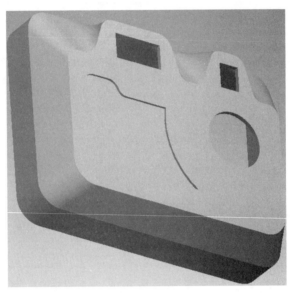

图 7-51

第 8 章

工程图的绘制

8.1　工程图概述

在 Creo 中，工程图是从三维空间转换到二维空间经过投影变换得到的二维图形，用户可以使用 Creo 中的工程图模块创建完整的工程图，包括尺寸标注和工程图文件管理等，生成的工程图会随实体模型的改变而同步发生变化，但新生成的工程图与我们使用的二维图是有区别的，生成的所有图线均为细实线，需要根据需要更改图形，确保符合公司内部画图标准。

8.2　绘制工程图

绘制工程图是指在当前视图中加入需要的视图，包括一般视图、投影视图、辅助视图等。通过创建各种视图，可以在各个角度更全面地观察模型的状态。

8.3　工程图视图类别

视图种类主要有以下几种。

（1）任意视图：与其他视图之间无投影关系，通常是第一个视图。

（2）投影视图：与其他视图之间有投影关系，视图之间始终维持投影关系。

（3）放大视图：在现有视图上进行局部放大。

（4）向视图：沿指定方向与其他视图进行投影，视图之间始终维持投影关系。

（5）全视图：完整的视图。

（6）半视图：一半的视图。

（7）断裂视图：可进行多处断裂。

（8）部分视图：局部视图。

（9）截面：有剖面的。

（10）无截面：无剖面的。

（11）比例：指定放大或缩小。

（12）无比例：与图纸的总比例一致。

8.3.1 绘制视图的相关说明

一般视图用于表达零件最主要的结构，通过一般视图，可以最直观地看出模型的形状和组成，具体如下。

（1）进入二维图环境（图 8-1）。

单击"绘图"按钮文件名根据需要更改

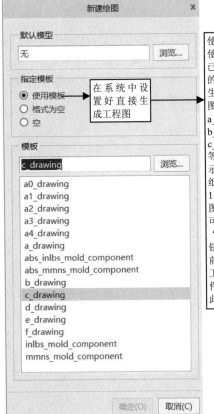

使用模板：使用系统已设定好的模板来生成工程图，a_drawing、b_drawing、c_drawing 等分别表示 A0 图 1.纸、B 号图 1.纸、C 号图 1.纸。也可以单击"浏览"按钮，选择以前建立的工程图文件，来调用此工具

在系统中设置好直接生成工程图

显示当前内存中三维实体模型，也可以单击"浏览"按钮选取已存在的三维模型来生成工程图

设置大小

图 8-1

（2）添加、更改绘图模型（图 8-2）。

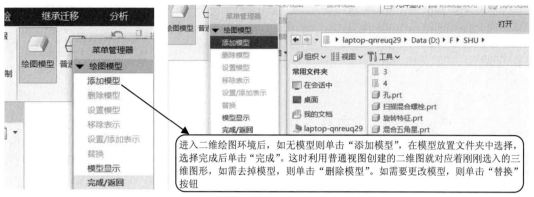

图 8-2

（3）首个视图的创建方式（图 8-3）。

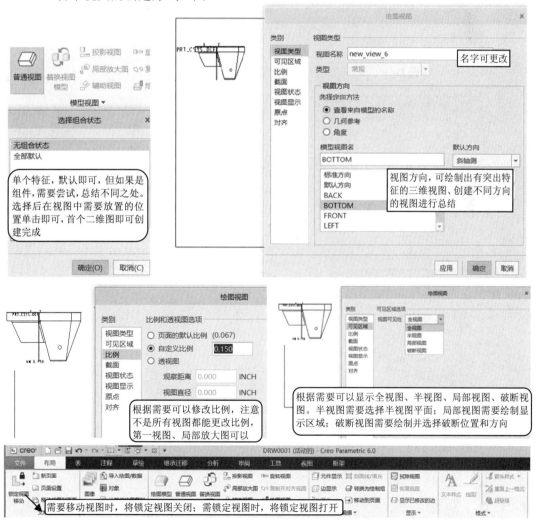

图 8-3

（4）投影视图（图 8-4）、局部放大视图（图 8-5）、辅助视图（图 8-6）等。

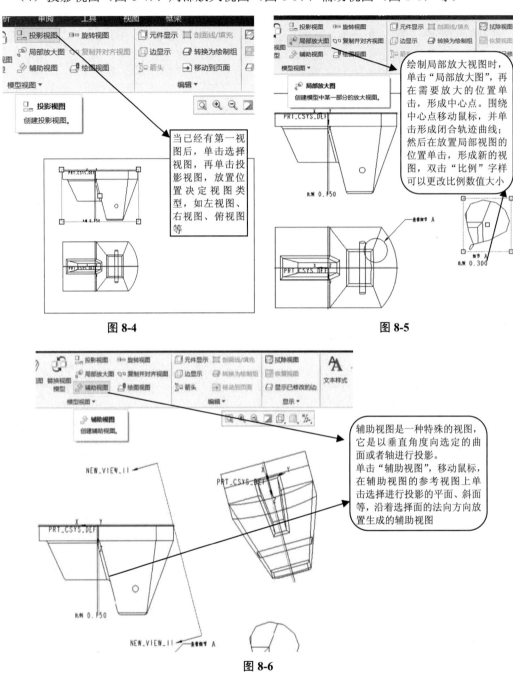

图 8-4

图 8-5

图 8-6

（5）旋转视图（图 8-7）的创建。

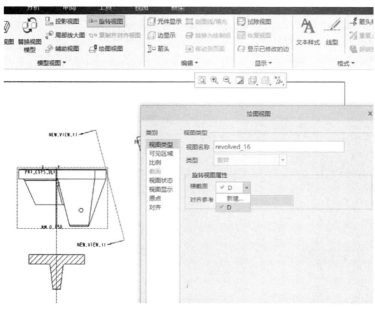

旋转视图与阶梯剖面图类似，单击"旋转视图"，再单击进行旋转视图的视图,在弹出的对话框中选择横截面或新建(已有可用的横截面可以直接选用)，完成截面后，单击"确定"。在旋转视图横截面的法向方向旋转90°的位置放置即可

当旋转视图新建横截面时，选择平面时，单击"完成"弹出输入横截面积名称的对话框③，在对话框中输入横截面名称,完成后单击"√"。弹出"设置平面"对话框④,如果选择已有基准平面,则单击平面；如无,则选择"产生基准",新建基准平面(创建方式与基准平面创建方式相同)⑤。单击旋转参考视图上确定的平面,再单击放置旋转视图的位置,形成旋转视图。如旋转视图位置不理想,可以通过鼠标移动视图。

当在横截面创建菜单栏里面选择偏移时，选择"单侧"或"双侧"⑥，输入横截面名称，单击"完成"进入草绘环境。选择草绘平面绘制线条,横截面就是线条沿着草绘平面的法向方向延伸所形成的平面,旋转视图便是实体经过此截面剪切所显示的剖面。横截面中的单侧与双侧指的是线条沿草绘平面法向方向的延伸方向，相当于拉伸特征中的盲孔和对称的区别

图 8-7

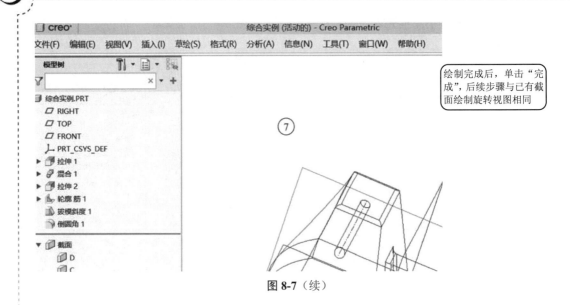

图 8-7（续）

（6）绘图信息（图 8-8）。

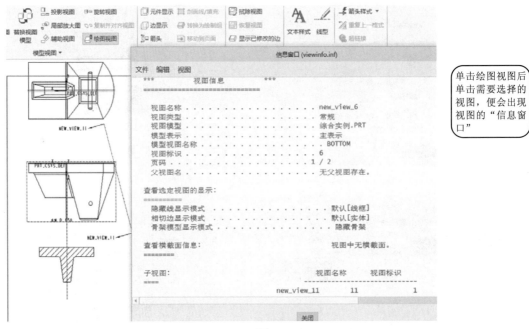

图 8-8

8.4 工程图调整

8.4.1 视图的相关操作

（1）视图相关操作见图 8-9。

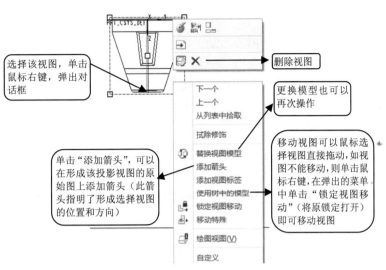

图 8-9

（2）视图的修改见图 8-10。

对于已经创建好的视图，双击视图，即可出现该对话框，可以对视图进行修改。或者单击图 8-9 中的 🖌️，也可以进入该对话框

图 8-10

8.5　工程图的标注

8.5.1　尺寸标注

（1）通过视图自动显示，见图 8-11。

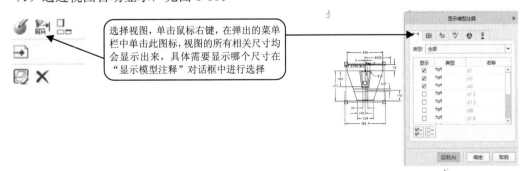

选择视图，单击鼠标右键，在弹出的菜单栏中单击此图标，视图的所有相关尺寸均会显示出来，具体需要显示哪个尺寸在"显示模型注释"对话框中进行选择

图 8-11

（2）手工标注尺寸的优势。

① 手工标注的尺寸只能受模型驱动，不能反向驱动模型；而显示出来的尺寸可以双向驱动。

② 手工标注的尺寸可以对尺寸的数值进行调整，使之显示的数值与实际数值不同（不推荐使用）；而显示出来的尺寸不能进行调整。

③ 手工标注尺寸的方式与在草绘中的操作技巧一致。

④ 手工标注尺寸可以弥补显示尺寸的不足。

（3）手工标注尺寸具体步骤见图 8-12。

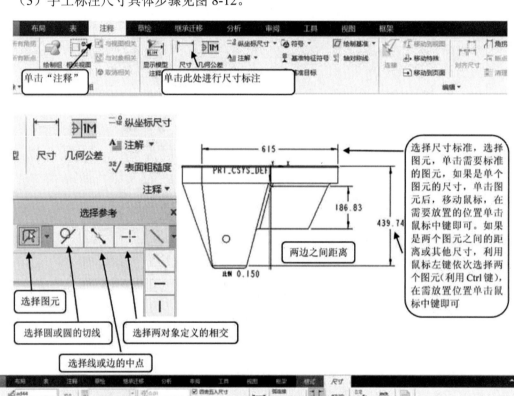

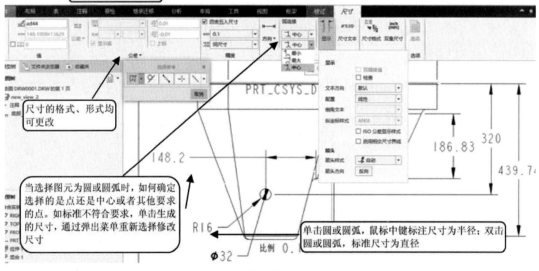

图 8-12

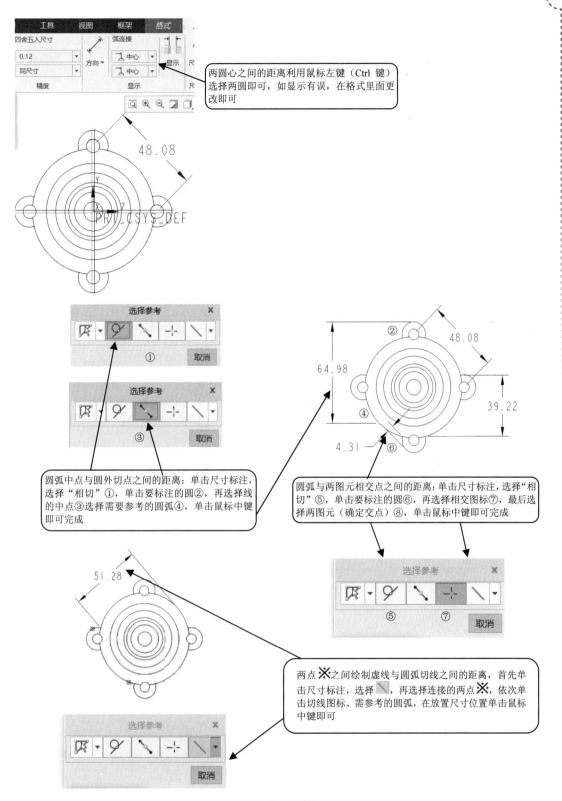

两圆心之间的距离利用鼠标左键（Ctrl 键）选择两圆即可，如显示有误，在格式里面更改即可

圆弧中点与圆外切点之间的距离：单击尺寸标注，选择"相切"①，单击要标注的圆②，再选择线的中点③选择需要参考的圆弧④，单击鼠标中键即可完成

圆弧与两图元相交点之间的距离：单击尺寸标注，选择"相切"⑤，单击要标注的圆⑥，再选择相交图标⑦，最后选择两图元（确定交点）⑧，单击鼠标中键即可完成

两点※之间绘制虚线与圆弧切线之间的距离，首先单击尺寸标注，选择 ◣，再选择连接的两点※，依次单击切线图标、需参考的圆弧，在放置尺寸位置单击鼠标中键即可

图 8-12　（续）

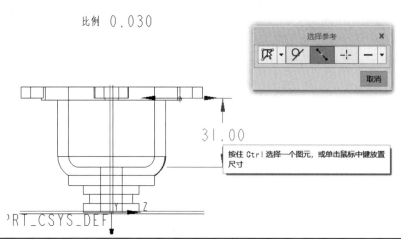

标注图示尺寸，点的水平方向和圆弧中点之间的竖直尺寸。首先，单击尺寸标注，选择参考里面的一，单击尺寸的一侧点 ✧，再选择参考里面的 ↘ 标识，按住 Ctrl 键选择标注的圆弧，在放置尺寸的位置单击，即可完成标注

图 8-12 （续）

8.5.2 纵坐标尺寸标注

手动标注纵坐标尺寸，见图 8-13。

单击纵坐标标注，弹出选择参考（与其他标注模式相同），选择纵坐标参考基线，按住 Ctrl 键选择标注的图元，单击鼠标中键完成第一个纵坐标尺寸的创建，接着继续按住 Ctrl 键选择其他图元，直接标注尺寸，直至将需要标注的图元全部选择完成。

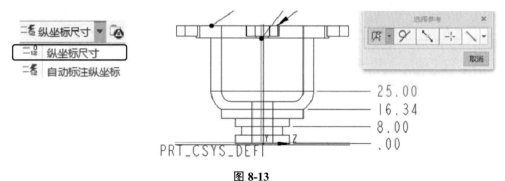

图 8-13

自动标注纵坐标尺寸的具体方式见图 8-14。

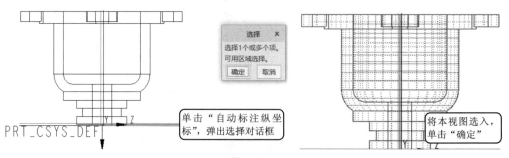

图 8-14

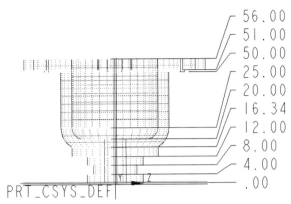

弹出菜单管理器，单击"选择基线"，利用鼠标左键选择参考基准线，选择后，本视图所有纵坐标均自动标注。最后单击"完成"即可

图 8-14 （续）

8.5.3 创建几何公差

在设置零件或装配时，需要使用几何公差来控制几何形状、轮廓、定向或跳动，在机械制图中被称为形位公差。在添加模型的标注时，为满足使用要求，必须正确合理地规定模型几何要素的形状和位置公差，即对于大小与形状所允许的最大偏差值。

几何公差是由几何公差的标注基准和设定的结合公差项目所组成的。

1. 标准几何公差

几何公差创建的步骤及相关可更改信息见图 8-15。

单击菜单栏"几何公差"，在放置公差的位置（图元、尺寸等位置均可）单击，移动鼠标放置好公差后单击鼠标中键即可。更改公差式样及相关信息，单击"公差"便弹出公差相关信息，在对话框中输入或更改需要的信息，单击空白位置即退出

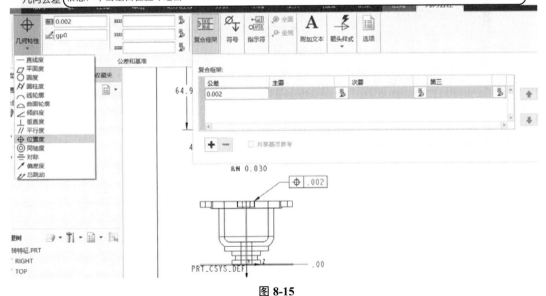

图 8-15

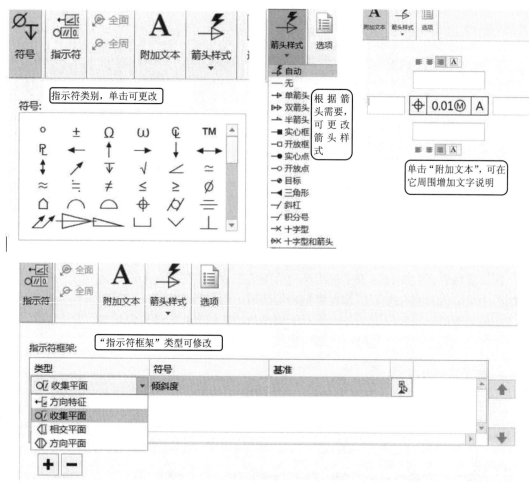

图 8-15 （续）

2. 注解

添加注解的步骤见图 8-16。

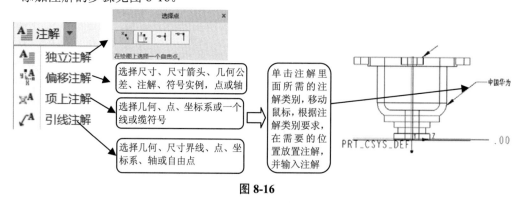

图 8-16

8.5.4 编辑尺寸标注

通过对尺寸的编辑可以改变其显示样式和文本样式等，见图 8-17。

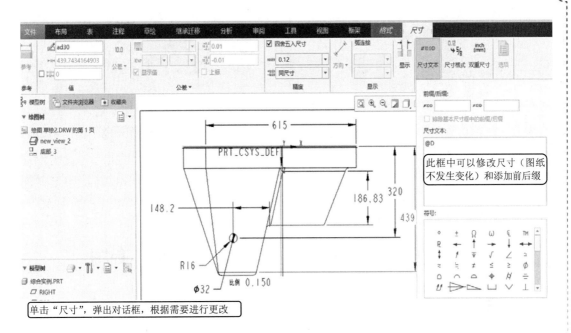

图 8-17

8.5.5　表面粗糙度符号

标注表面粗糙度符号的具体操作见图 8-18。

图 8-18

图 8-18 （续）

8.6 实例——绘制与所给二维图一样的工程图

绘制如图 8-19 所示工程图。

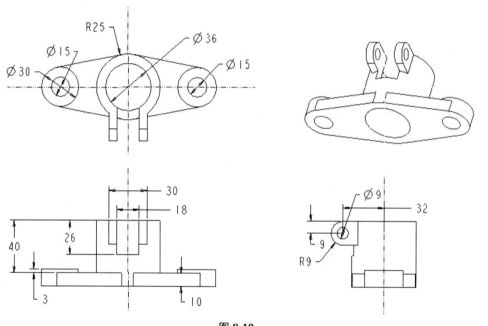

图 8-19

在做出实体的基础上，单击"新建"，选择"绘图"模式，取消使用默认模板，确定，得到如图 8-20 所示对话框，在"指定模板"中选中"空"选项，在"方向"下选择"横向"，在"标准大小"中选择"A4"纸，进入工程图环境，见图 8-21。

单击"普通视图"命令 ，选择组合状态（图 8-22），确定后选择一个位置，单击放置图形，弹出"绘图视图"对话框，在"视图类型"中的"模型视图名"中选择适当的视图（如 BACK 等），调整为所要的放置式样；在视图显示中选择"线框"选项，见图 8-23。

图 8-20　　　　　　图 8-21　　　　　　图 8-22

图 8-23

得到如图 8-24 所示的图形。

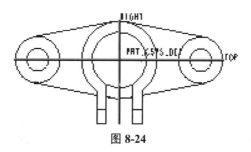

图 8-24

选中上面所画的图形，单击鼠标右键选择 ![投影视图]，获得其他两个视图，并设置其视图显示仍为"线框"，如图 8-25 所示。

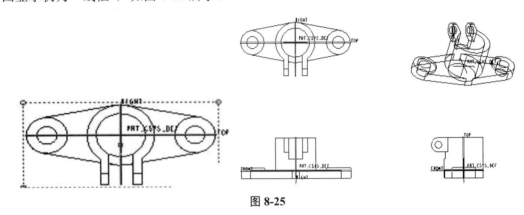

图 8-25

单击 ![] 为所得的图形添加尺寸，如添加半径 25，单击 ![]，弹出如图 8-26 所示对话框。

图 8-26

选择"图元上"，选择所要标注的那个圆，单击中键确定即可；如标注 40 的高度，单击起始边和终止边，然后在想要放置尺寸的地方单击鼠标中键即可，从而获得所要求的图形，见图 8-27。

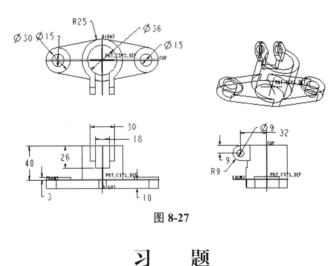

图 8-27

习　题

1. 绘制如图 8-28 所示图形。

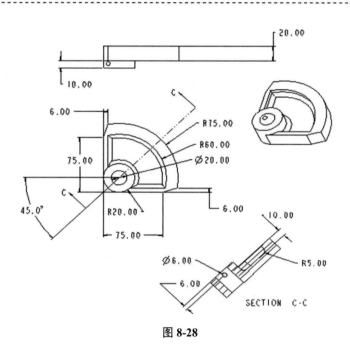

图 8-28

2. 绘制如图 8-29 所示图形。

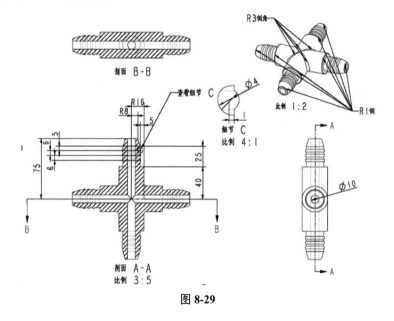

图 8-29

3. 绘制如图 8-30 所示图形。

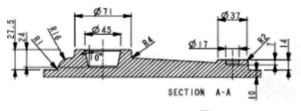

图 8-30

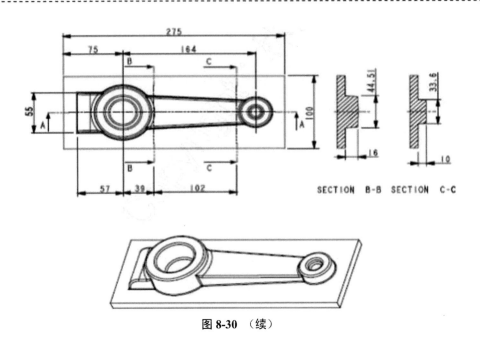

图 8-30 （续）

4. 绘制如图 8-31 所示图形。

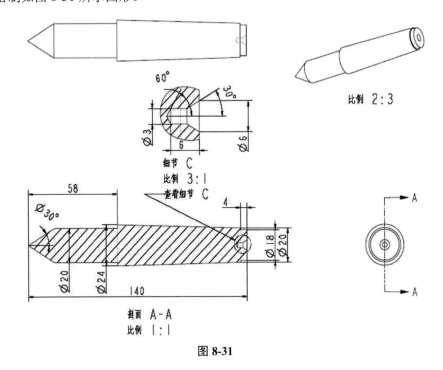

图 8-31

5. 绘制如图 8-32 所示图形。

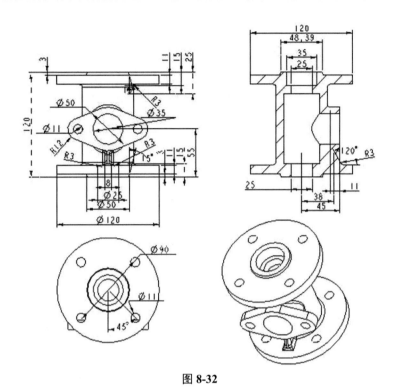

图 8-32

6. 绘制如图 8-33 所示图形。

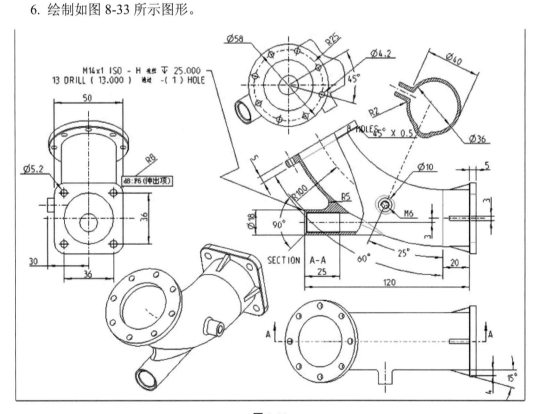

图 8-33

第
9
章

装　配　体

9.1　装配基础

产品往往由很多个零件组成，设计装配就是把绘制好的零件按一定的顺序利用相关约束连接到一起，成为完整的产品，并且能够可靠地实现产品的价值及其功能。在 Creo 6.0 中，零件装配就是使用各种约束方法，定义组件各个零件之间的相对自由度。这就是说，在各个零件之间建立一定的约束关系，对其部分或全部自由度进行约束，从而确定零件在整个组件中的相对位置。

零件装配功能是在组件模块中进行的，它支持大型、复杂组件的构建和管理，是 Creo 中非常重要的功能之一。在装配之前必须将工作目录设置到与零件所在目录相同。

9.2　装配约束

装配约束是指对装配零件之间几何位置关系的约束条件。在 Creo 装配环境中，通过定义装配约束，可以指定一个元件相对于装配体（组件）中其他元件（或特征）的放置方式和位置。装配约束的类型包括"重合""角度偏移"和"距离"等。一个元件通过装配约束添加到装配体中后，它的位置会随着与其有约束关系的元件改变而相应改变，而且约束设置值作为参数可随时修改，并可与其他参数建立关系方程，这样整个装配体实际上是一个参数化的装配体。

关于装配约束，请注意以下几点。

（1）一般来说，建立一个装配约束时，应选取元件参考和组件参考。元件参考和组件参考是元件和装配体中用于约束定位和定向的点、线、面。例如，通过"重合"约束将一根轴放入装配体的一个孔中，轴的中心线就是元件参考，而孔的中心线就是组件参考。

（2）系统一次只添加一个约束。例如，不能用一个"重合"约束将一个零件上两个不同的孔与装配体中的另一个零件上的两个不同的孔中心重合，必须定义两个不同的"重合"约束。

（3）Creo 装配中，在某些环境下，不同的约束可以达到同样的效果，如选择两平面"重合"与定义两平面的"距离"为 0，效果是相同的，此时应根据设计意图和产品的实际安装位置选择合理的约束。

一般而言，确定一个元件在装配体中的位置（即完整约束），往往需要多个装配约束。在 Creo 中装配元件时，可以将多于所需的约束添加到元件上。即使从数学的角度来说，元件的位置已完全约束，但还可能需要指定附加约束，以确保装配件达到设计意图。

步骤如图 9-1 所示。

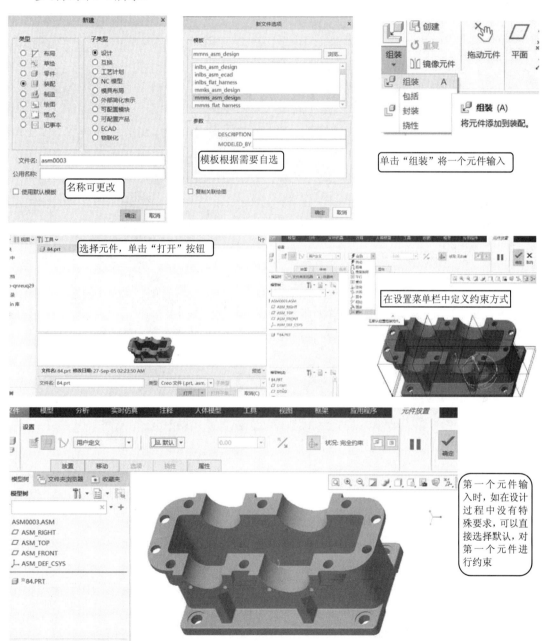

图 9-1

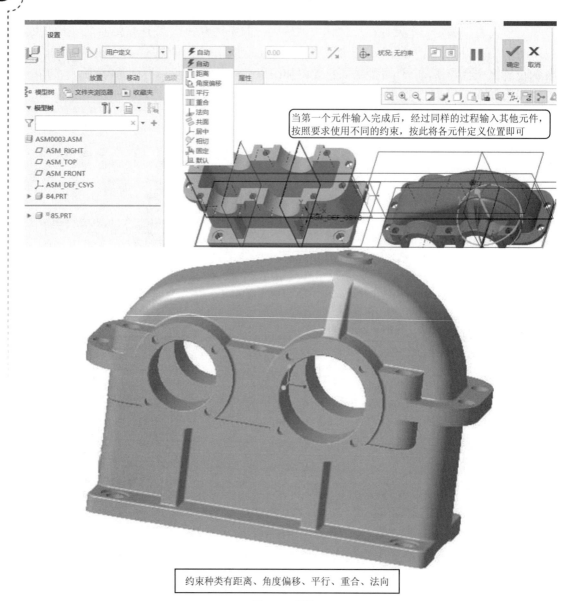

图 9-1 （续）

9.2.1 距离

"距离"约束可以定义两个装配元件中的点、线和平面之间的距离值。约束对象可以是元件中的平整表面、边线、顶点、基准点、基准平面和基准轴，所选对象不必是同一种类型，例如，可以定义一条直线与一个平面之间的距离。当约束对象是两平面时，两平面平行；当约束对象是两直线时，两直线平行；当约束对象是一直线与一平面时，直线与平面平行。当距离值为 0 时，所选对象将重合、共线或共面，见图 9-2。

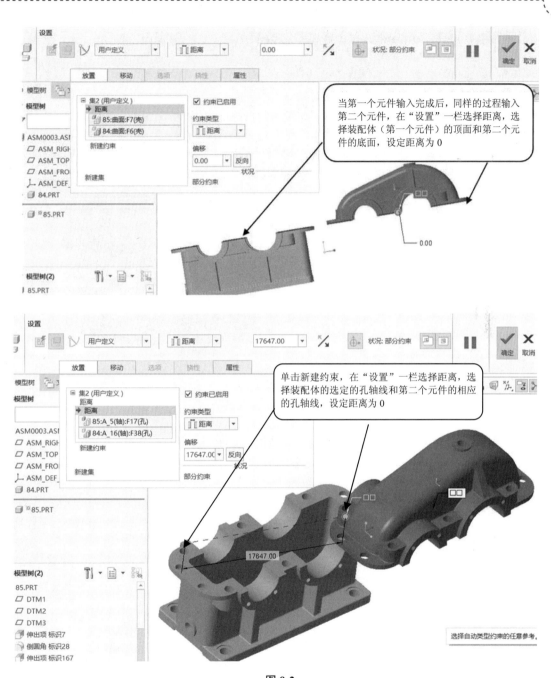

图 9-2

图 9-2　（续）

9.2.2　角度偏移

"角度偏移"约束可以定义两个装配元件中平面之间的角度，也可以约束线与线、线与面之间的角度。该约束通常需要与其他约束配合使用，才能准确地定位角度，见图 9-3。

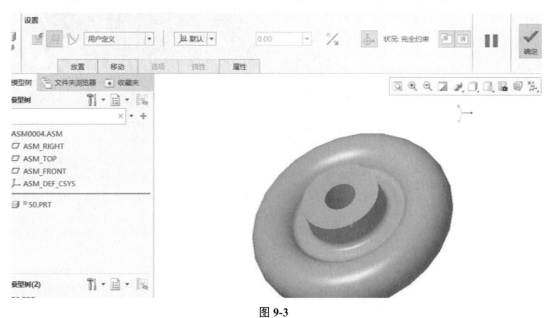

图 9-3

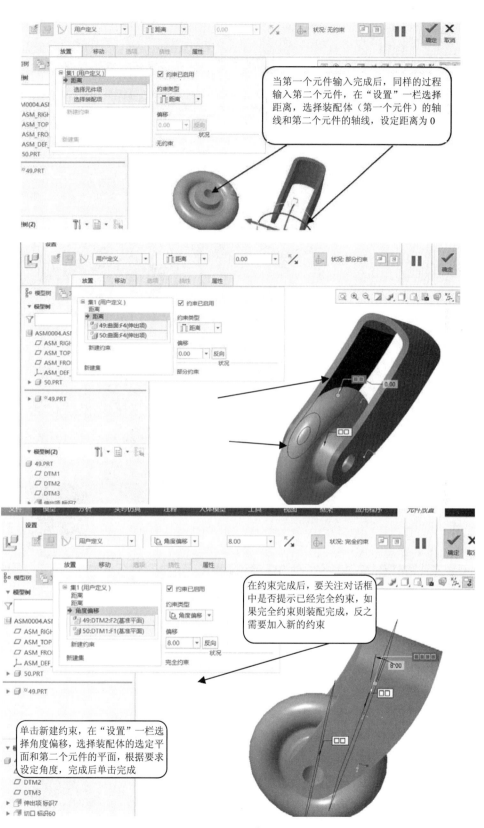

图 9-3 （续）

9.2.3 平行

"平行"约束可以定义两个装配元件中的平面平行，也可以约束线与线、线与面平行，见图 9-4。

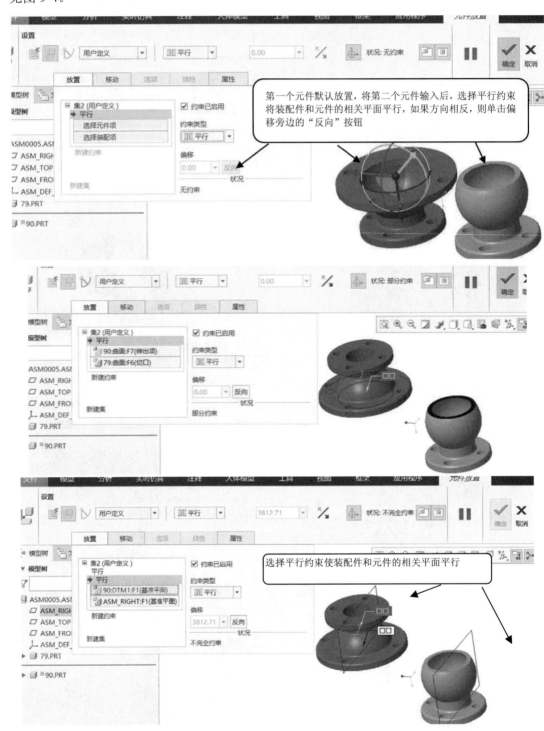

图 9-4

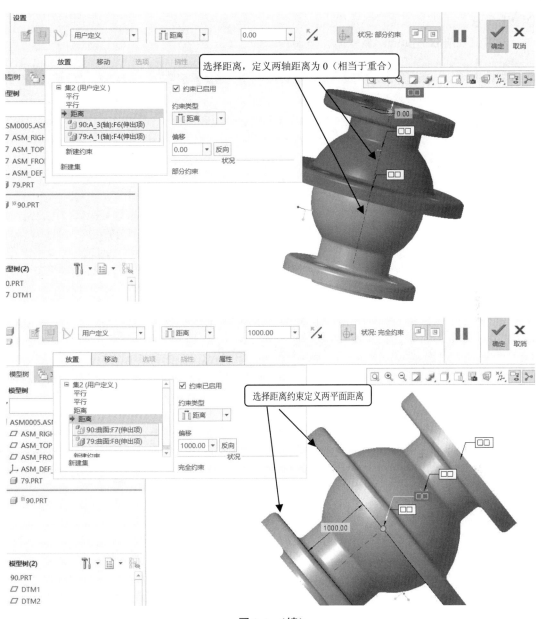

图 9-4 （续）

9.2.4 重合

"重合"约束是 Creo 装配中应用最多的一种约束，该约束可以定义两个装配元件中的点、线和面重合，约束的对象可以是实体的顶点、边线和平面，也可以是基准特征，还可以是具有中心轴线的旋转面（柱面、锥面和球面等）。

下面根据约束对象的不同，列出几种常见的"重合"约束的应用情况。

1. "面与面"重合

当约束对象是两平面或基准平面时，两零件的朝向可以通过"反向"按钮来切换，如

图 9-5 所示。

　　注意：面可以是曲面、圆柱面、平面等。

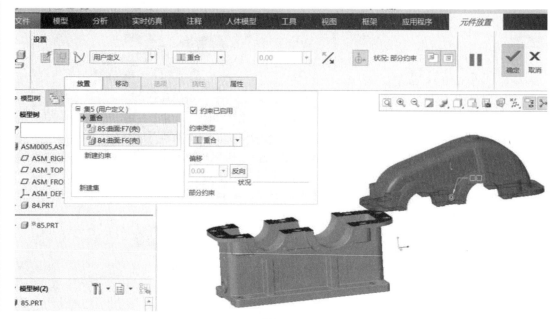

图 9-5

2. "线与线" 重合

当约束对象是直线或基准轴时，直线或基准轴相重合，如图 9-6 所示。

图 9-6

3．其他

"线与点"重合："线与点"重合约束可将一条线与一个点重合。"线"可以是零件或装配件上的边线、轴线或基准曲线；"点"可以是零件或装配件上的顶点或基准点。

"线与面"重合："线与面"重合可将一个曲面与一条边线重合。"曲面"可以是零件或装配件中的基准平面、表面或曲面面组；"边线"为零件或装配件上的边线。

"坐标系"重合："坐标系"重合可将两个元件的坐标系重合，或者将元件的坐标系与装配件的坐标系重合，即一个坐标系中的 X 轴、Y 轴、Z 轴与另一个坐标系中的 X 轴、Y 轴、Z 轴分别重合（第一个元件使用默认，其实就是元件的坐标系与装配件环境的坐标系重合）。

"点与点"重合："点与点"重合可将两个元件中的顶点或基准点重合。

这几类重合的操作模式大同小异，不再赘述。

9.2.5 法向

"法向"约束可以定义两元件中的直线或平面垂直，如图 9-7 所示。

图 9-7

9.2.6 相切

"相切"约束可以定义两元件中的曲面相切，如图 9-8 所示。

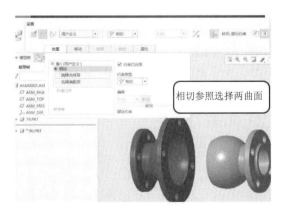

相切参照选择两曲面

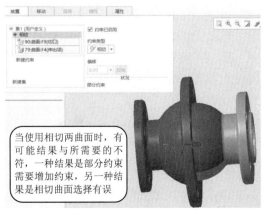

当使用相切两曲面时，有可能结果与所需要的不符，一种结果是部分约束需要增加约束，另一种结果是相切曲面选择有误

图 9-8

9.2.7 居中

"居中"约束可以定义装配件与元件参考特征同心，如图 9-9 所示。

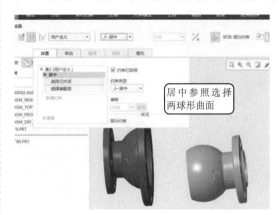
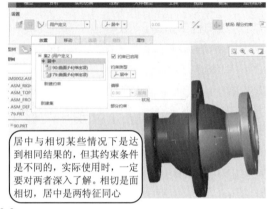

图 9-9

9.2.8 自动

自动指导入零件后先不选择约束类型，系统根据用户所选的目标自动判断约束，见图 9-10。

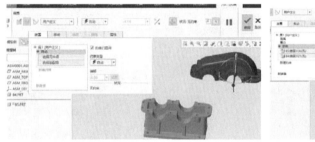

当选择约束类型为自动时，系统会根据参考特征自动选择约束类别，如选择两平面约束可以是距离、重合，当距离为 0 时，距离约束与重合约束相同，当自动选取的约束不符合要求时，可自选约束类别

图 9-10

9.2.9 其他

除了以上常用的几种约束外，还有默认、固定等约束方法。

默认：模型在原来环境与坐标系的相对位置不变，选择默认时，不需要任何其他操作。

固定：模型选入转配环境后，无论将模型放置在哪个位置，选择固定约束，模型便会在现有位置固定，不需要添加其他约束。

9.3 调整元件和组件

9.3.1 定向模式

使用"定向模式"移动类型，可以在组件窗口中以任意位置为移动基点，指定任意旋转角度或移动距离调整元件在组件中的放置方式。具体方法如下。

（1）在装配窗口中单击来拖拉被装配的组件，再按住鼠标中键控制组件在各个方向的旋转。

（2）按住 Ctrl 键并单击中键，在装配窗口中旋转组件。

（3）按住 Shift 键并拖动中键，在装配窗口的垂直和水平方向上移动组件。

在"移动"下滑面板中的其他选项说明如下。

在视图平面中相对：该选项为系统默认选项，表示通过选取旋转或移动的组件，再拖动中键以三角形图标为旋转中心或移动起点在相对于视图平面旋转或移动组件。

运动参照：选中该复选框，其选取参照文本将被激活，在设置参照时，可以选取视图中的平面、点或线作为运动参照，但最多只能选取两个参照；选取参照后，文本框右边的"垂直"和"平行"选项将被激活，当选择"垂直"选项时，表示执行旋转操作时将垂直于选定移动组件；当选择"平行"选项时，表示执行旋转操作时将平行于选定参照移动组件。

平移：用于设置平移的平滑程度，包括光滑，1，5，10。

相对：用于显示组件相对于移动操作前位置的坐标。

9.3.2 平移和旋转元件

相对于其他移动工具，平移方式是最简单的移动方法。这种方式对比定向模式，只需要选取新载入的元件，然后拖动鼠标即可将元件拖动到组件窗口中的任意位置。平移界面如图 9-11 所示。

旋转方式与平移方式一样，只需要选取新载入的元件，然后拖动鼠标，即可旋转元件，再次单击元件，即可退出旋转模式。操作方法与平移方法相同。旋转界面如图 9-12 所示。

图 9-11   图 9-12

9.3.3 调整元件

使用调整运动方式的方法可为元件添加新的约束，并可以通过选择参照对元件进行移动。这种活动类型对应的选项设置与以上三种类型大不相同。在下滑面板中可以选择"配对"或"对齐"两种约束。此外，还可以在下面的"偏移"参数设置中设置偏移距离，如图 9-13 所示。

图 9-13

9.4 实例——根据已有零件进行装配

建立如图 9-14 所示的装配体。

图 9-14

新建一组件文件，要求采用国标配置，将第一个零件——底板放置到装配体窗口中，其他步骤见图 9-15。

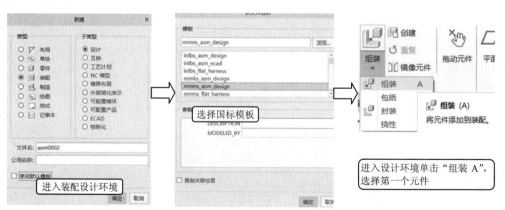

图 9-15

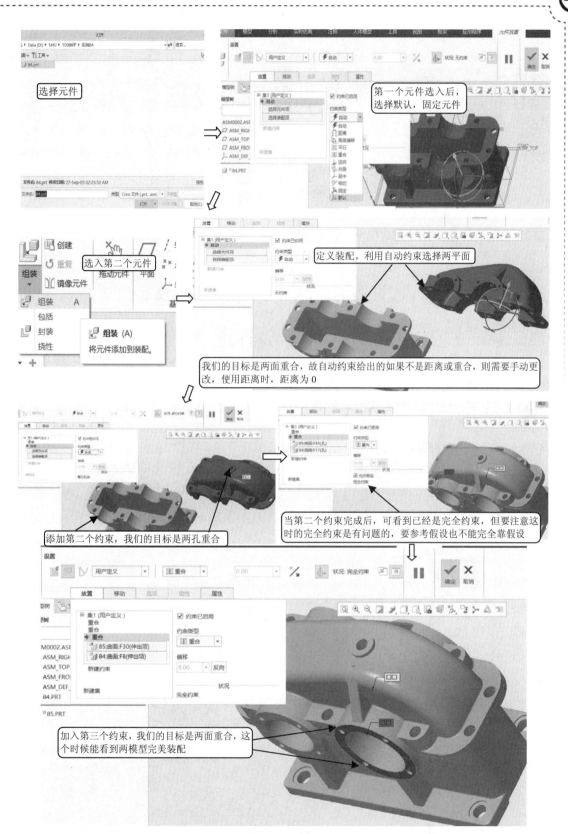

选择元件

第一个元件选入后,选择默认,固定元件

选入第二个元件

定义装配。利用自动约束选择两平面

组装 (A)
将元件添加到装配。

我们的目标是两面重合,故自动约束给出的如果不是距离或重合,则需要手动更改,使用距离时,距离为0

添加第二个约束,我们的目标是两孔重合

当第二个约束完成后,可看到已经是完全约束,但要注意这时的完全约束是有问题的,要参考假设也不能完全靠假设

加入第三个约束,我们的目标是两面重合,这个时候能看到两模型完美装配

图 9-15 (续)

第10章

产品的后期处理

通过设置场景和外观，可以赋予模型颜色，使模型看起来更加接近真实。此外，模型上的各个表面可以分别赋予不同的颜色，以加以区分。

10.1 Creo 渲染之渲染场景

单击"渲染"|"场景"，"场景"对话框中的"场景编辑器"选项卡随即打开（图 10-1）。单击"场景编辑器"对话框中带有默认设置的场景即会添加到"场景库"中，同时会应用到模型中。可在"活动场景"下的"名称"和"说明"框中输入场景的名称和说明。单击"将模型与场景一起保存"复选框，将模型与场景一起保存。

可根据需要编辑光源、房间和其他渲染选项。单击"场景"对话框中的"预览"以在预览窗格中预览场景。单击"场景"对话框中的 📁（图 10-2），打开"保存"对话框。在"新文件名"框中，输入所需名称，然后单击"确定"按钮（图 10-3）。

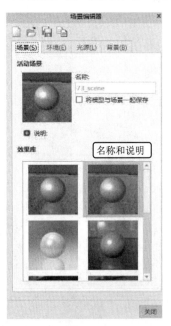

图 10-1

图 10-2

图 10-3

　　要通过复制现有场景创建新场景，需要打开一个没有用其保存场景的模型。 单击"渲染"|"场景"，"场景"对话框中的"场景"选项卡随即打开。从"场景库"选择场景，然后单击或右键单击场景缩略图并单击"复制"，即可在场景库中创建选定场景的副本。通过其缩略图上的符号，可将复制的场景作为新场景添加到"场景库"中。要激活该新场景，可在场景库中双击它的缩略图。

　　单击"渲染"|"编辑场景"，"场景编辑器"对话框打开。在"场景编辑器"对话框中打开"光源"选项卡。在"光源"对话框中，右侧有 4 种添加光源的方式，分别单击可创建新的灯泡、新的聚光灯、新的远光源，或者其他新的光源。在调色板中，从"选项"列表中选择"系统库"，以载入光源文件，即可完成光源创建。如需删除光源，选择"场景编辑器"中的某个光源，单击 ✕ 即可完成删减，见图 10-4。

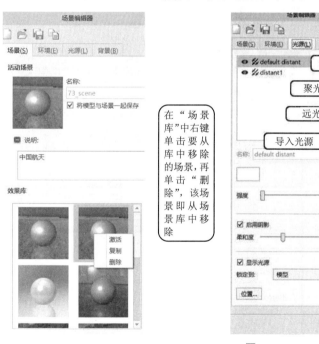

在"场景库"中右键单击要从库中移除的场景，再单击"删除"，该场景即从场景库中移除

所有渲染都必须有光源。使用光源提高图像的质量，可用光源类型有：①环境，环境光源能均匀地照亮所有曲面，不管模型与光源之间的夹角如何，环境光源默认存在，而且不能创建；②灯泡，这种光源与房间中的灯泡发出的光相似，光从灯泡的中心向外辐射，根据曲面与光源的相对位置，曲面的反射光会有所不同；③聚光灯，与灯泡相似，但其光线被限制在一个圆锥体之内，称为聚光角；④远光源，定向光源投射平行光线，无论模型位于何处，均以相同角度照亮所有曲面，此类光源可模拟太阳光或其他远距离光源

图 10-4

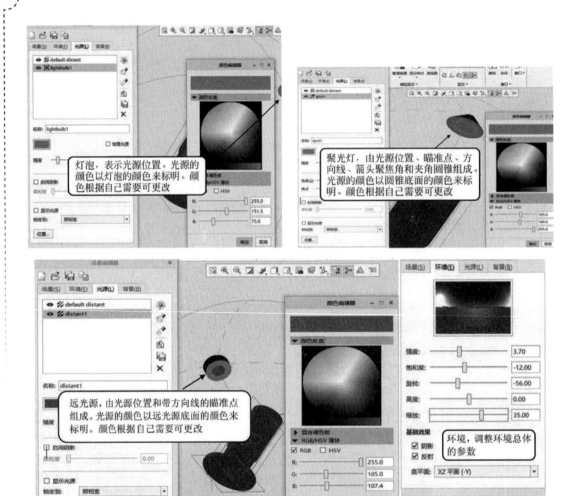

灯泡，表示光源位置。光源的颜色以灯泡的颜色来标明。颜色根据自己需要可更改

聚光灯，由光源位置、瞄准点、方向线、箭头聚焦角和夹角圆锥组成。光源的颜色以圆锥底面的颜色来标明。颜色根据自己需要可更改

远光源，由光源位置和带方向线的瞄准点组成。光源的颜色以远光源底面的颜色来标明。颜色根据自己需要可更改

环境，调整环境总体的参数

导入光源

导出光源

单击"场景编辑器"按钮。在对话框中打开"光源"选项卡。在"光源列表"中选择要保存的光源。单击"导出光源"，打开"保存"对话框。在"保存"对话框的"新名称"框中输入光源文件的名称，单击"确定"按钮。光源文件即以 .dlg 为扩展名保存在指定位置

图 10-4 （续）

10.2　Creo 渲染之外观库

材料外观的渲染取决于颜色、突出显示、贴图、反射和透明。可以通过颜色、纹理，或者通过颜色和纹理的组合来定义外观。

例如，可以为任何零件或装配指定颜色。如果用户没有修改外观，则 Creo Parametric 将分配默认颜色。可以通过 HSV（色调、饱和度和数值）等级或者用 RGB（红、绿和蓝）值来定义颜色，不能修改默认颜色，见图 10-5。

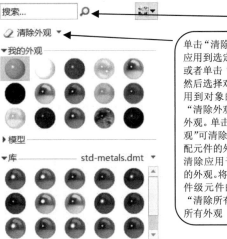

"外观库"对话框可用于查看和搜索可用外观，以及将可用外观分配给模型。可以为整个零件、单曲面或面组分配或设置外观。在装配模式下，可以为整个装配、装配中的活动元件或零件分配外观。可以利用下列方法分配外观：选择一个或多个对象，并应用活动外观；选择外观，然后选择要应用该外观的对象

单击"清除外观"可移除应用到选定对象的外观。或者单击"清除外观"，然后选择对象，以清除应用到对象的外观。单击"清除外观"可清除选定外观。单击"清除装配外观"可清除应用于某一装配元件的外观。该选项会清除应用于装配级元件的外观。将保留应用于零件级元件的外观。单击"清除所有外观"可清除所有外观

外观过滤器可用于在"我的外观""模型"和"库"调色板中查找外观。要过滤调色板中显示的外观列表，请在"外观过滤器"文本框中指定关键字符串，然后单击搜索。再次单击可取消搜索，并显示调色板中的所有外观

"我的外观"调色板显示用户创建并存储在启动目录或指定路径中的外观。该调色板显示缩略图颜色样本以及外观名称。默认外观始终显示在调色板中，而未保存到.dmt 文件中。默认外观没有关键字。无法修改默认外观的名称、说明、关键字或属性，右键单击缩略图可打开快捷菜单。单击"编辑"按钮可在打开的"外观编辑器"对话框中修改选定外观。单击"新建"按钮可在打开的"外观编辑器"对话框中创建新外观，其中，选定外观的副本为活动外观。单击"删除"按钮可删除选定外观。无法删除默认外观

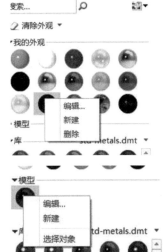

"模型"调色板会显示在活动模型中存储和使用的外观。右键单击缩略图可打开快捷菜单。单击"编辑"可打开以选定外观作为活动外观的"模型外观编辑器"。单击"新建"创建新外观，"外观编辑器"对话框随即打开。单击"选择对象"可选择所有具有选定外观的对象。如果零件未应用任何外观，则该快捷菜单不可用于"模型"调色板中的默认外观

图 10-5

"库"调色板中 Photolux 库和系统库中的预定义外观显示为缩略图颜色样本。右键单击缩略图可打开快捷菜单。单击"新建"创建新外观,"外观编辑器"对话框随即打开,其中选定外观的副本为活动外观。选择某个外观后单击鼠标右键,选择"新建"便可新建外观

更多外观:可用于创建其他外观。编辑模型外观:用于编辑或修改活动模型中外观的属性。外观管理器:用于创建、修改、删除和组织"我的外观"调色板中的外观。复制并粘贴外观:用于使用颜色拾取器来复制应用于模型的现有外观,并将所复制的外观粘贴至模型的整个曲面上

图 10-5 (续)

10.3 对产品进行渲染

产品的渲染是对 Creo 模型进行后期处理,渲染可以赋予模型更加美观的效果。渲染的流程一般为:建模→设置渲染环境→选择材质→给物体加材质→设置灯光→设置相关系数→渲染-出图。渲染方法及效果见图 10-6。

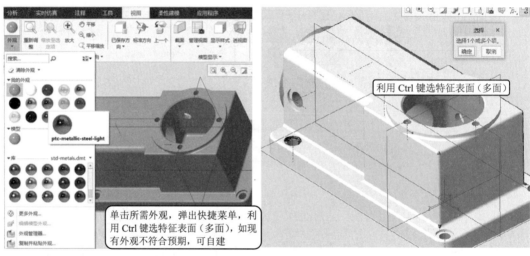

利用 Ctrl 键选特征表面(多面)

单击所需外观,弹出快捷菜单,利用 Ctrl 键选特征表面(多面),如现有外观不符合预期,可自建

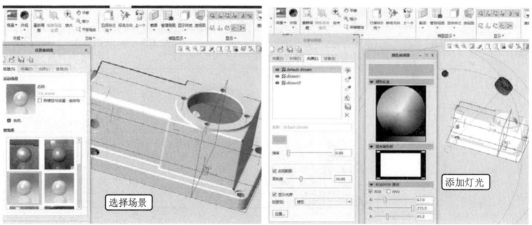

选择场景

添加灯光

图 10-6

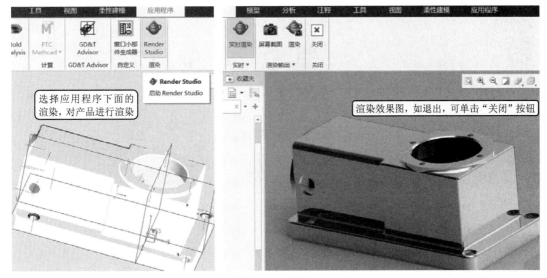

图 10-6　（续）

综 合 实 例

（1）按图 11-1 绘制三维模型并绘出二维图。

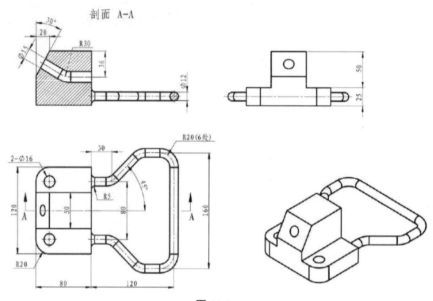

图 11-1

步骤见图 11-2。

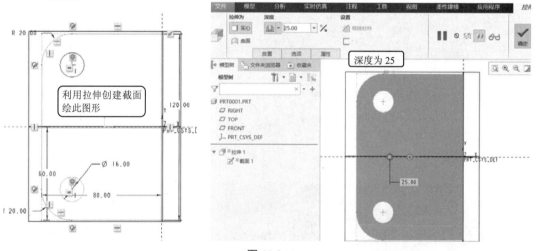

图 11-2

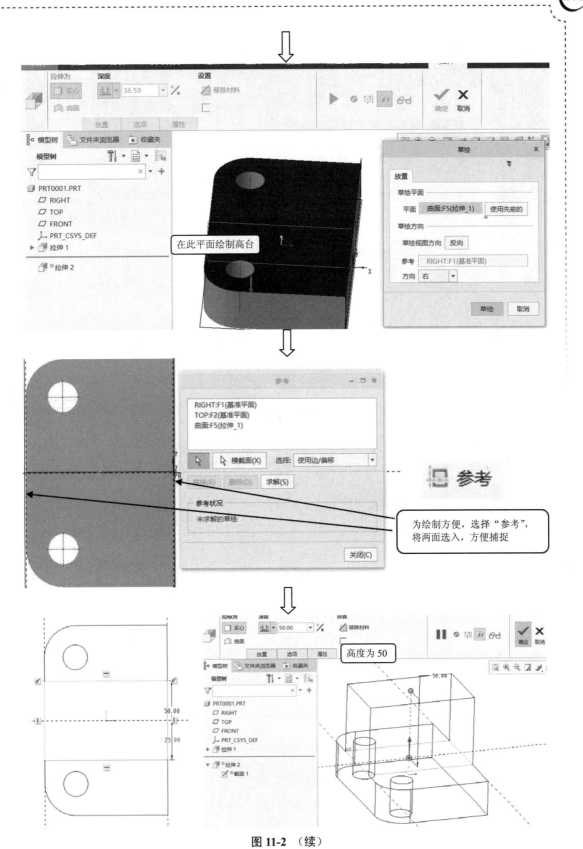

图 11-2　（续）

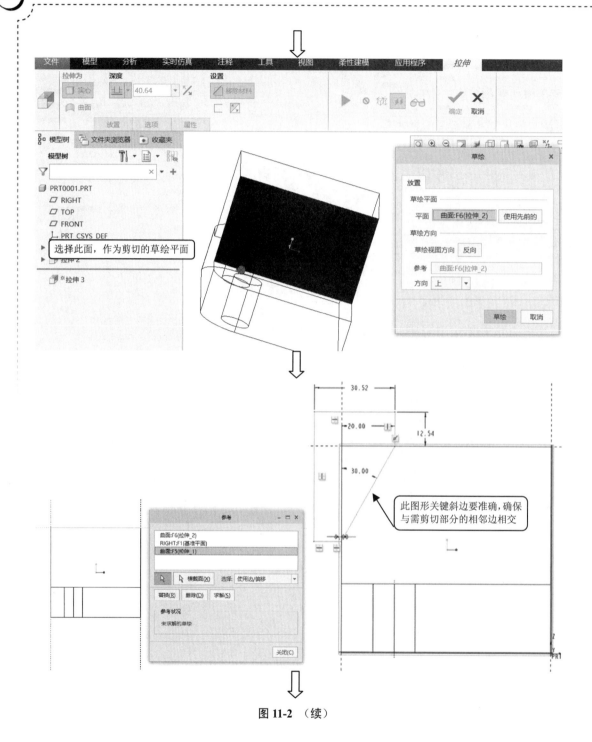

图 11-2 （续）

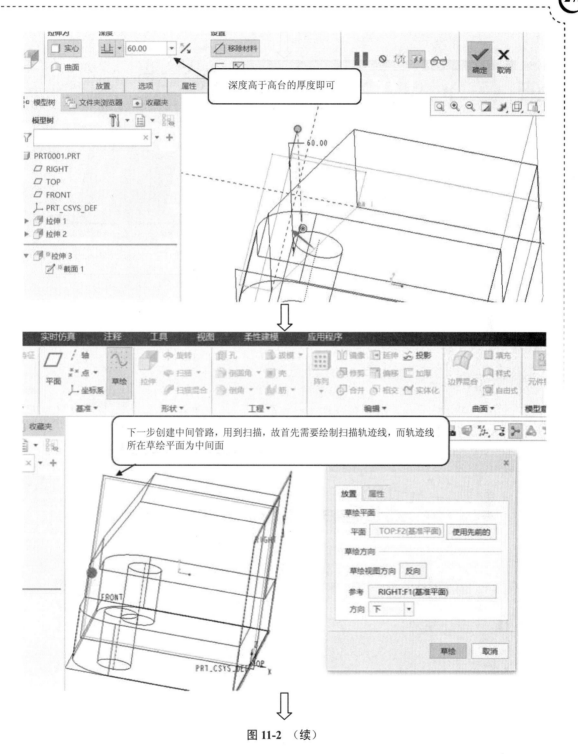

图 11-2　（续）

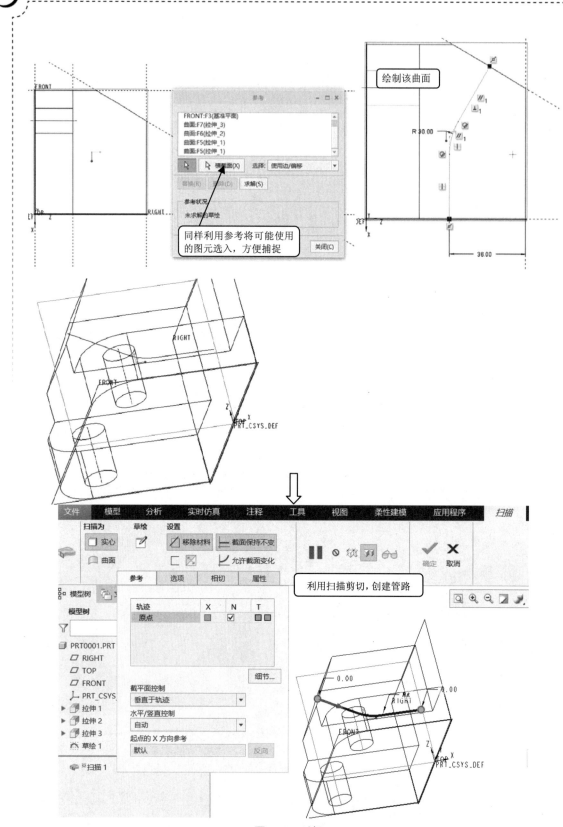

图 11-2 （续）

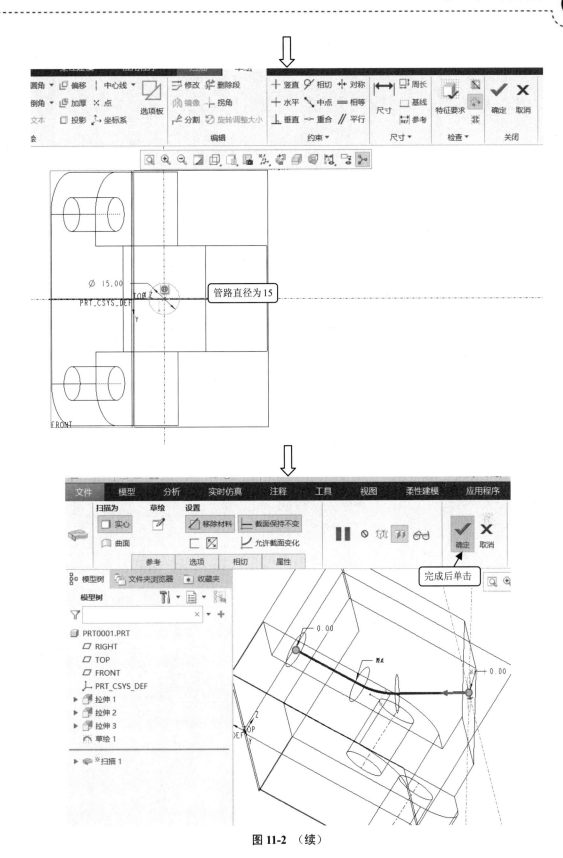

图 11-2 （续）

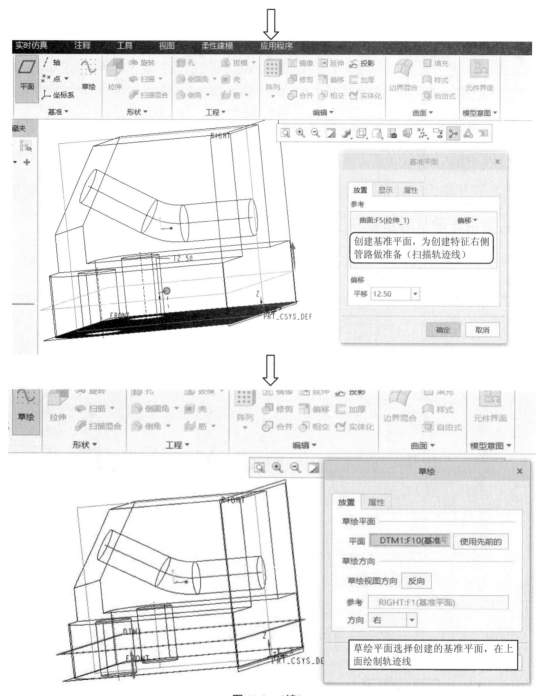

图 11-2 （续）

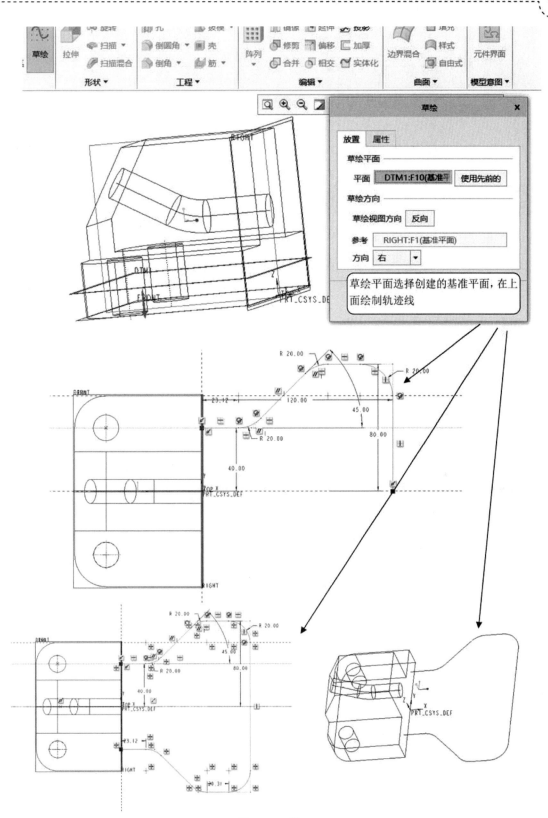

图 11-2 （续）

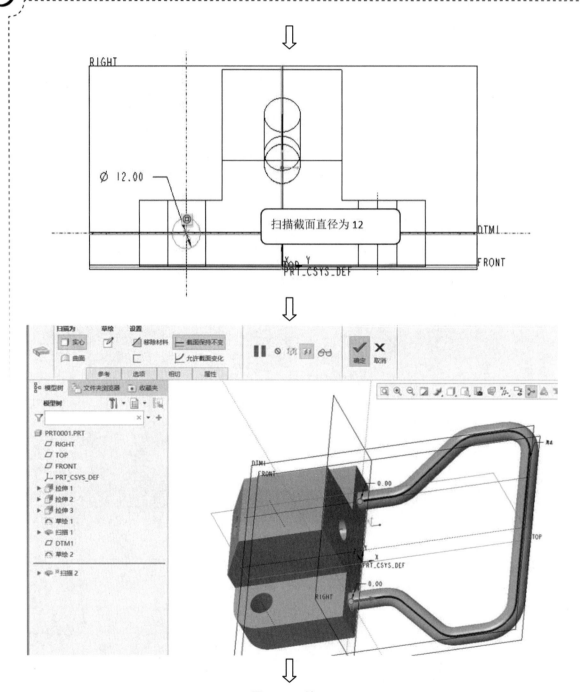

图 11-2 （续）

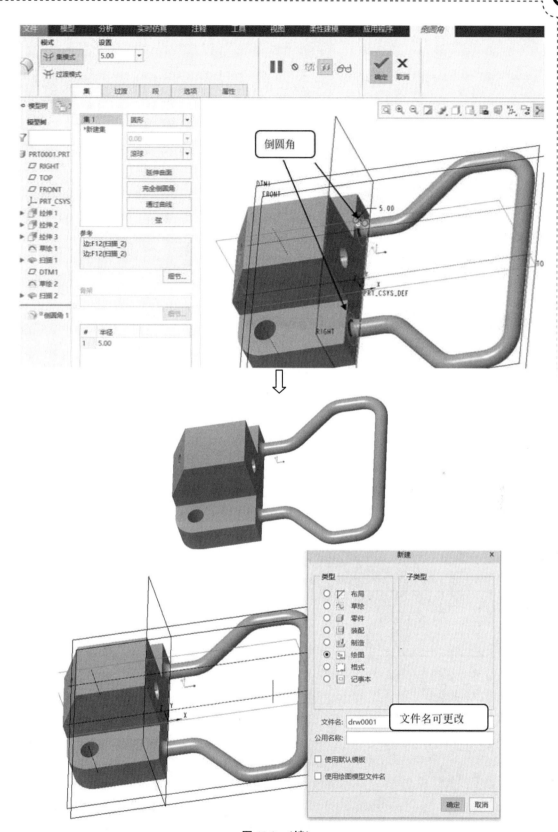

图 11-2　（续）

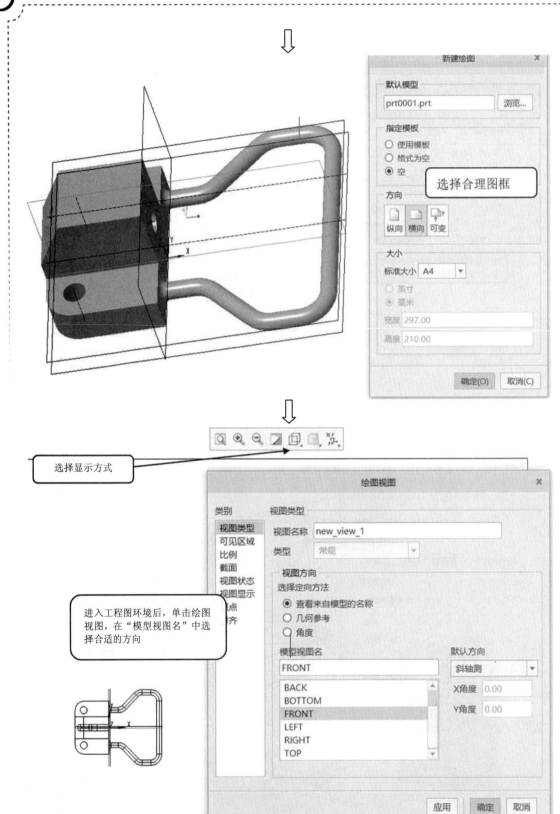

图 11-2 （续）

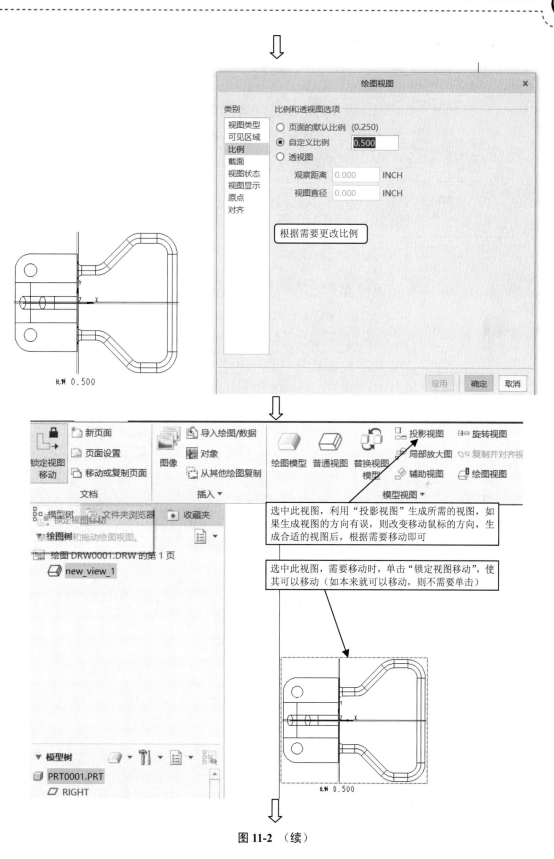

图 11-2 （续）

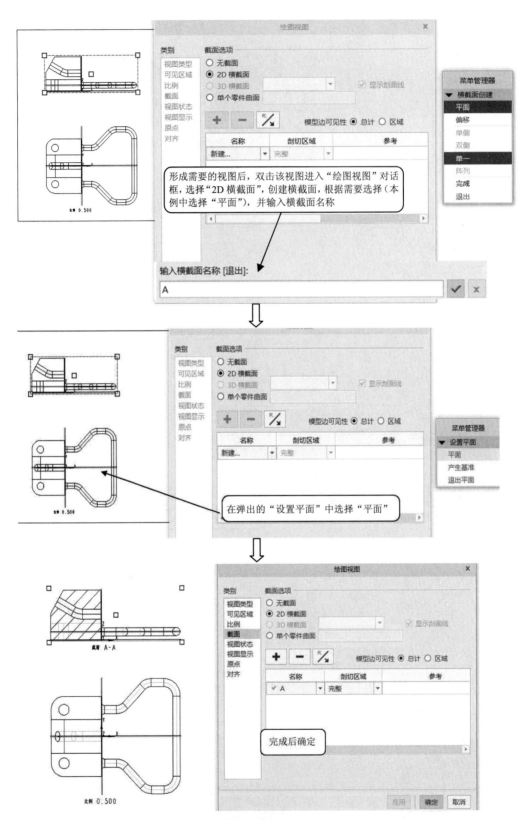

图 11-2 （续）

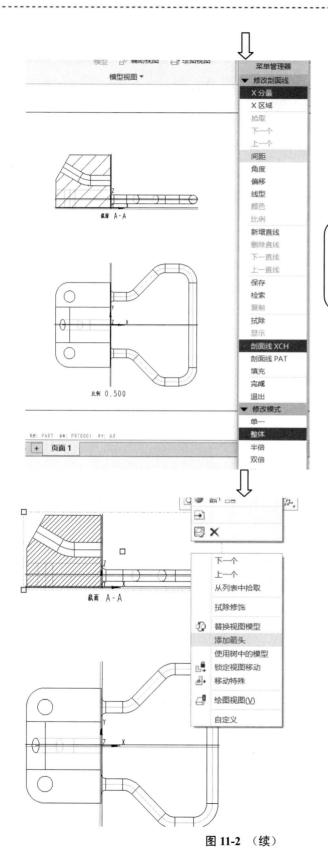

如需修改剖面线，双击剖面线，根据需要进行修改，本例修改间距，直接单击间距，在"修改模式"中选择"半倍"，每单击一次，剖面线的间距缩小一半，直至合适为止

如需添加箭头，选择视图，单击鼠标右键选择"添加箭头"，再选择需要显示箭头的视图，箭头即可显示。如需更改箭头的形式，则双击箭头，在弹出的对话框中修改即可

图 11-2　（续）

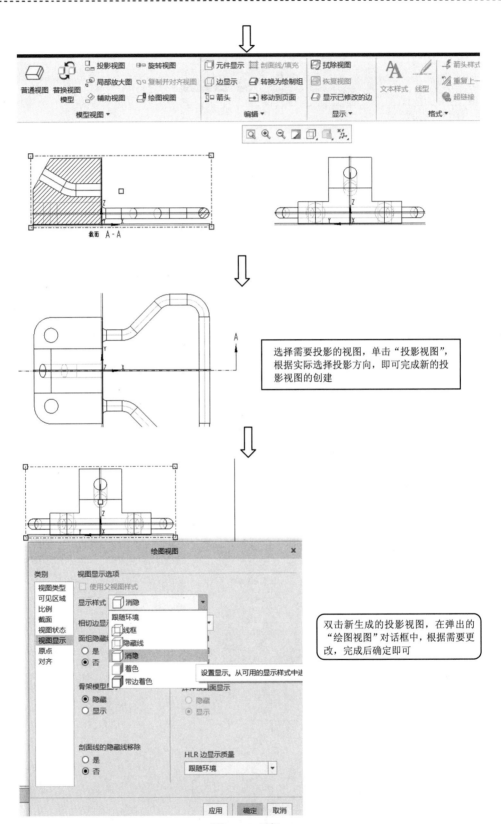

选择需要投影的视图，单击"投影视图"，根据实际选择投影方向，即可完成新的投影视图的创建

双击新生成的投影视图，在弹出的"绘图视图"对话框中，根据需要更改，完成后确定即可

图 11-2 （续）

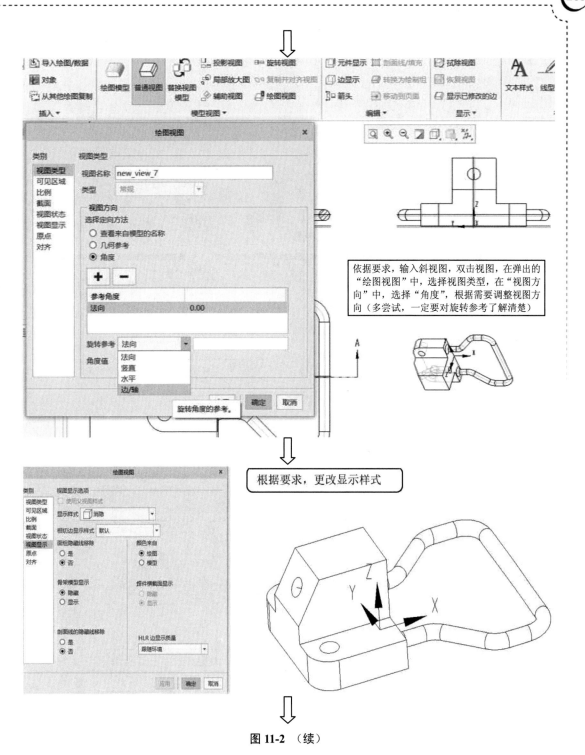

依据要求，输入斜视图，双击视图，在弹出的"绘图视图"中，选择视图类型，在"视图方向"中，选择"角度"，根据需要调整视图方向（多尝试，一定要对旋转参考了解清楚）

根据要求，更改显示样式

图 11-2 （续）

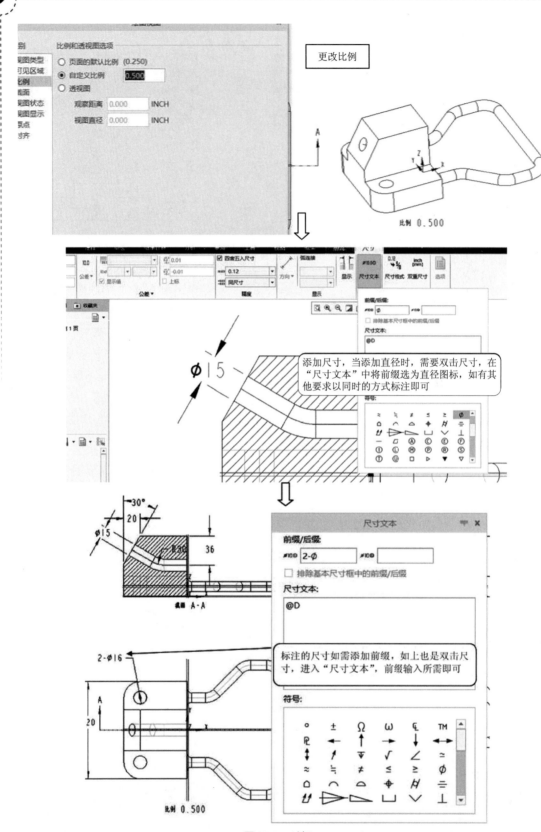

图 11-2 （续）

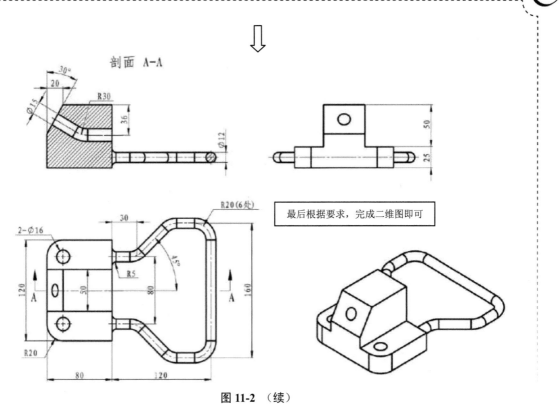

剖面 A-A

最后根据要求，完成二维图即可

图 11-2 （续）

（2）根据二维图绘制三维图，见图 11-3。

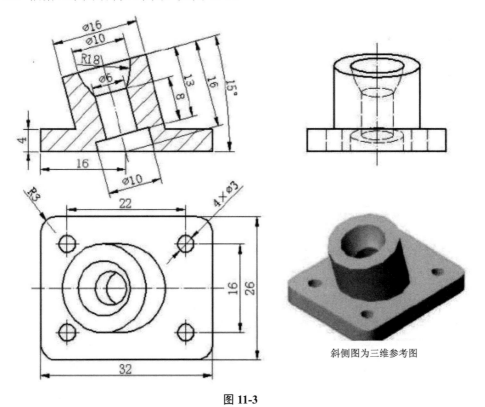

斜侧图为三维参考图

图 11-3

具体步骤见图 11-4。

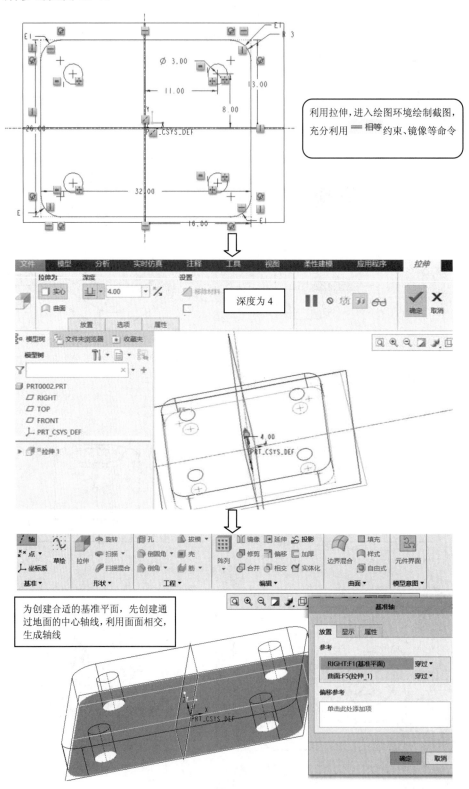

图 11-4

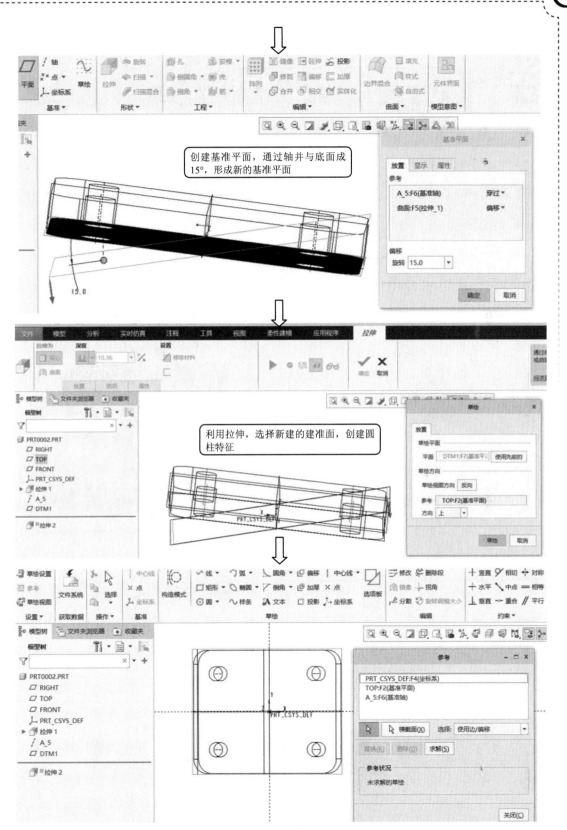

图 11-4 （续）

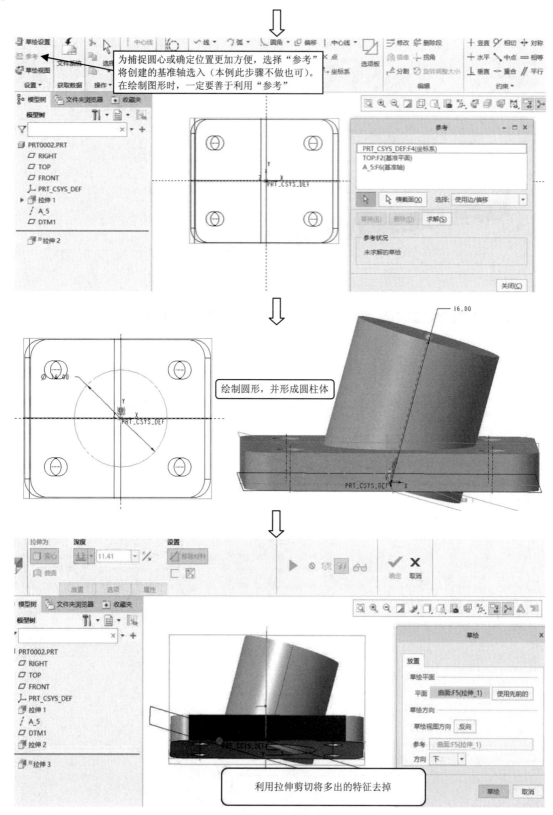

图 11-4 （续）

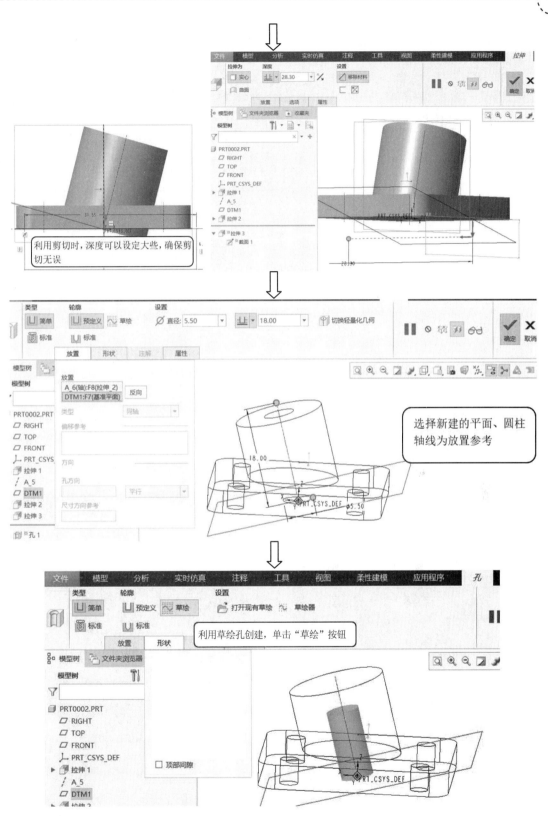

图 11-4　（续）

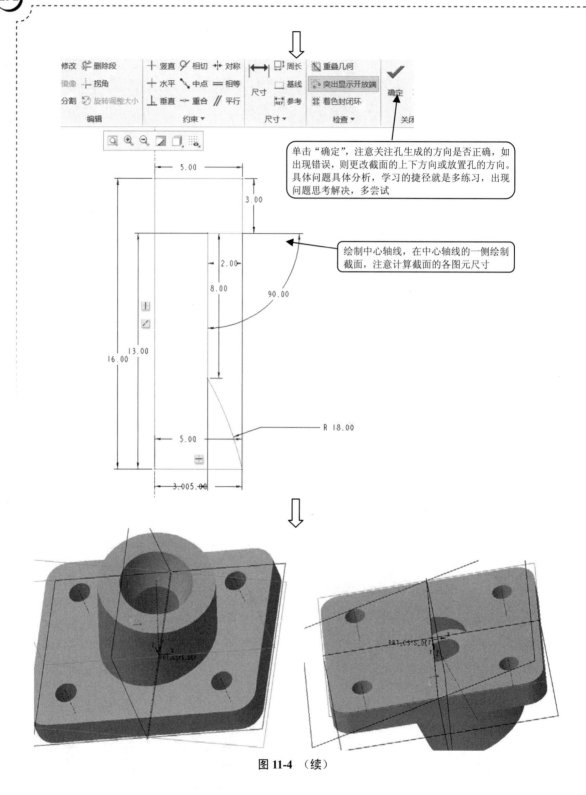

单击"确定"，注意关注孔生成的方向是否正确，如
出现错误，则更改截面的上下方向或放置孔的方向。
具体问题具体分析，学习的捷径就是多练习，出现
问题思考解决，多尝试

绘制中心轴线，在中心轴线的一侧绘制
截面，注意计算截面的各图元尺寸

图 11-4 （续）

参 考 文 献

[1] 谢玮,陈明.Pro\ENGINEER Wildfire 5.0 产品造型设计[M].北京:清华大学出版社,2016.

[2] 田卫军,潘天丽,张安鹏.机械设计实例精解[M].北京:北京航空航天大学出版社,2009.

[3] 蹼良贵,纪名刚.机械设计[M].6 版.北京:高等教育出版社,2006.

[4] 杜平安,廖伟智,黄洁.现代 CAD 方法与技术[M].北京:清华大学出版社,2008.

[5] 田绪东,吉伯林.Creo Parametric/Pro 5.0 三维设计设计[M].北京:机械工业出版社,2015.

[6] 王咏梅,李春茂,张瑞萍.Creo Wildfire 5.0 中文版基础教程[M].北京:清华大学出版社,2011.

[7] David S K.Creo Wildfire Instructor[M].New York:The McGraw-Hill Companies, 2005.

[8] 费奇,孙德宝,等.建模与仿真[M].北京:科学出版社,2002.

[9] 吴志欢,姚立纲.基于 Creo 生成表驱动的三维参数化零件库的研究[J].机械工人,2006:
73-75.

[10] 宁汝新,赵汝嘉.CAD/CAM 技术[M].北京:机械工业出版社,2003.

[11] 薛澄岐,刘定伟.基于实体模型的产品形状特征识别[J].计算机辅助工程,2007,1(2):15-16.

[12] 蔡汉明.机械 CAD/CAM 技术[M].北京:机械工业出版社,2009.

[13] 詹友刚.Creo 1.0 高级应用教程[M].北京:机械工业出版社,2011.

[14] 韩玉龙.Creo Wildfire 产品造型设计专业教程[M].北京:清华大学出版社,2004.

[15] 韩玉龙. Creo Wildfire 组件设计与运动仿真专业教程[M].北京:清华大学出版社,2004.

[16] 百度文库.https://wenku.baidu.com/view/2f7020b883d049649b66589a.html.

图 书 资 源 支 持

感谢您一直以来对清华版图书的支持和爱护。为了配合本书的使用，本书提供配套的资源，有需求的读者请扫描下方的"书圈"微信公众号二维码，在图书专区下载，也可以拨打电话或发送电子邮件咨询。

如果您在使用本书的过程中遇到了什么问题，或者有相关图书出版计划，也请您发邮件告诉我们，以便我们更好地为您服务。

我们的联系方式：

地　　址：北京市海淀区双清路学研大厦 A 座 714

邮　　编：100084

电　　话：010-83470236　　010-83470237

客服邮箱：2301891038@qq.com

QQ：2301891038（请写明您的单位和姓名）

资源下载：关注公众号"书圈"下载配套资源。

资源下载、样书申请

书 圈

图书案例

清华计算机学堂

观看课程直播